私家百草园

——食疗本草订制健康

李　琳
魏胜利　主编
高雪岩

科学普及出版社
·北京·

图书在版编目（CIP）数据

私家百草园：食疗本草订制健康 / 李琳，魏胜利，高雪岩主编．—北京：科学普及出版社，2014.5

ISBN 978-7-110-08585-1

Ⅰ．①私…　Ⅱ．①李…②魏…③高…　Ⅲ．①蔬菜园艺　Ⅳ．① S63

中国版本图书馆 CIP 数据核字 (2014) 第 062930 号

出 版 人	苏　青
特约策划	游文彬
责任编辑	胡　怡
责任校对	赵丽英
责任印制	张建农
装帧设计	中文天地
出版发行	科学普及出版社
地　　址	北京市海淀区中关村南大街16号
邮　　编	100081
发行电话	010-62103354
传　　真	010-62179148
网　　址	http://www.cspbooks.com.cn
开　　本	787mm × 1092mm　1/16
字　　数	165千字
印　　张	10.5
版　　次	2014年6月第1版
印　　次	2014年6月第1次印刷
印　　刷	北京市凯鑫彩色印刷有限公司
书　　号	ISBN 978-7-110-08585-1/ S · 543
定　　价	39.80元

写在前面的话

如果你是忙碌的上班族，试想一下：下班回到家，泡一杯清茶或冲一杯咖啡，往阳台上一坐，春天可以欣赏破土而出的蓬勃，炎炎夏日可独享一片郁郁匆匆的盎然，秋天体味收获的喜悦和满足，即使在萧瑟的寒冬也会有新鲜可口的蔬菜，美景与美食同享，这是多么惬意的一种生活！

如果您是安享晚年的退休族，刚从忙碌的岗位下来，一下不知道大把的空闲时间如何打发，何不在堆满杂物的阳台上开辟一片地方，几个花架、几个花盆、几把小工具，就可以打造自己的阳台乐园了，种点儿蔬菜，既可怡情，又可养性，既可美食，又可保健，何乐而不为呢？

本书选择21种药食两用的特色保健蔬菜，详细介绍了其植物特征、营养成分、适宜人群、食疗疾病类型、种植技术要点、美食制作工艺等内容，同时对35种常见蔬菜的保健功效和种植技术进行简要介绍。本书的内容有两大特色：①将园艺种菜与养生保健有机结合，让读者选对菜、种对菜、吃对菜，体会动手种菜的快乐的同时，更收获一份绿色和健康；②详细介绍21+35种蔬菜的保健功效、适宜人群、不宜人群、营养搭配等学问，教给读者生活、饮食中的保健知识。

为方便读者，本书小编做了几个非常贴心的小功课：①将常见蔬菜的适宜体质类型总结成表，以方便查阅；②将常见蔬菜的适宜调理病症总结成表，以方便查阅；③将常见蔬菜播种月份整理成表，以方便查阅；④对21种药食同源蔬菜的光照和水分要求进行明确说明，方便读者根据自家的阳台种类选择栽种的品种；⑤为便于读者了解蔬菜的寒凉性，在该种蔬菜对应页码位置以颜色进行标示，绿色表示性寒凉，黄色表示性平，红色表示性温热。

大家快根据自己的体质、需要调理的病症、自家阳台的种类，打造自己的私家菜园，订制自己的绿色健康吧！

致谢：本书是北京市优秀人才项目“鲜食中药材新品种引进与示范”的成果，同时受到北京中医药大学青年教师博士沙龙项目、北京中医药大学北京市共建项目“中药创新拔尖人才培养”的支持，特此致谢。

编 委 会

主　编

李　琳（北京市农业技术推广站）

魏胜利（北京中医药大学）

高雪岩（科学普及出版社）

副主编

徐永新（北京市农业技术推广站）

徐立军（石家庄市农林科学研究院）

李卫东（北京中医药大学）

杨英茹（石家庄市农林科学研究院）

王秋玲（中国医学科学院药用植物研究所）

编　委

李文辉　周国富　卿　红　马　扬（北京中医药大学）

齐连芬（石家庄市农林科学研究院）

刑世佳（北京市农业技术推广站大观园）

摄　影

周国富　卿　红　马　扬（北京中医药大学）

插　画

张小鹿

目录
CONTENTS

Part I 我的体质我的菜
Healthy Vegetable for My Body Constitution

Part II 种菜前的准备工作
Preparation Before Planting Healthy Vegetable

Part III 阳台上的保健菜园
Cultivation of Healthy Vegetable

Part IV 常见蔬菜的栽培技术及保健功效

Cultivation and Healthy Effects of Common Vegetable

Part V 保健蔬菜饕餮美食

Delicious Dishes of Healthy Vegetable

Part VI 蔬菜保健配出来

Health & Fitness from Collocation of Healthy Vegetable

Part I

我的体质我的菜

Healthy Vegetable for My Body Constitution

本书的自白

大家好，我是药食两用蔬菜的代表——黄秋葵。

我们药食两用蔬菜可以为人体提供必需的多种维生素和矿物质，有很好的保健功效。

由于我们含有一些特殊活性成分，因此我们的保健功效比一般蔬菜那可强多了，对很多病症都有不错的辅助治疗作用。

我们药食两用蔬菜可不只我一个哟，我们也有一支队伍的，一、二、三、四、五列队！

我是养心菜

我是叶用枸杞

我是穿心莲

我是菊花

……

由于我们所含的成分各有不同，我们也就具有了“四性”和“五味”。
所谓“四性”是指寒、凉、温、热四种属性；所谓“五味”是指辛、甘、酸、苦、咸五种味觉感触。

为方便大家了解我们，小编很用心地给我们做了标记，注意看页码，绿色表示性寒凉，红色表示性温热，黄色表示性平哟。

我们的作用有很多，下面我一条一条给大家说明，你可要记好哟。

健胃消食，促进消化 我们所含的柠檬酸、苹果酸和糖类成分，可有效促进消化；某些刺激性成分可增强肠胃蠕动；某些酶类成分促进营养物质的吸收。

美容养颜，延缓衰老 我们含有的酪氨酸酶类成分，可使沉着的色素减退、消失，减少雀斑，起到美容作用；同时我们还具有良好的抗自由基作用，有利于延缓衰老，抗皱去皱，保持皮肤弹性。

抗疲劳，应对亚健康 我们含有丰富的钾、钙、铁、锌、锰等微量元素，有利于维持体内酸碱平衡，具有良好的抗疲劳作用。

增强免疫力 我们含有丰富的维生素、矿物质、蛋白质等成分，具有提高机体抗病毒的作用，可增强机体的免疫力。

健脾和胃，明目养肝 我们所含的营养物质和活性成分对多个脏器均有良好的保护作用。

消炎止痛，清热泻火 寒性和凉性的药食两用蔬菜，一般具有良好的消炎止痛、清热泻火的功效。

防癌抗癌 我们所含的多种次生代谢产物可防止肿瘤细胞增殖；钴等微量元素也可抑制体内恶性肿瘤细胞的生长。

防治心血管疾病 我们含有丰富的B族维生素、维生素P可保护血管，预防高血压、动脉硬化等心血管疾病的发生。

调节血脂、血糖，有效预防“三高” 我们含有的铬、钴等微量元素和皂苷、黄酮、蒽醌等次生代谢产物，均有利于改善体内脂质和糖类代谢平衡，可有效预防“三高”。

利尿通便，解毒通络 我们富含果胶、膳食纤维，可促进肠蠕动，有通便、防止便秘的功效，还可中和并清除体内重金属和部分农药。

既然我们有那么多的特殊成分和保健功效，那么我们就不像大多数普通蔬菜那样适合所有人食用了，想用我们来保健，可要选对哟！
为方便大家的选择，我给大家介绍一位新朋友——体质。

大家好，我是体质的代表——平和质。

大家可能对我的名字不熟悉，但是其实从你出生的那天起，我就如影随形地跟着你了。

我们的形成受先天遗传、年龄、性别、精神状态、生活及饮食条件、地理环境、疾病、体育锻炼、社会环境等诸多因素的影响。

关于体质有多种分类方法，如五行分类法、阴阳分类法等。五行分类法即阴阳二十五人分类法；阴阳分类法将体质划分为：太阴、少阴、太阳、少阳、阴阳、和平六大类。

为方便大家理解和使用，本书选用北京中医药大学王琦教授建立的中医体质划分标准。

我们共有 9 个小伙伴，分别是平和质、气虚质、湿热质、阴虚质、气郁质、阳虚质、痰湿质、血瘀质、特禀质。我们所占的比例各有不同。

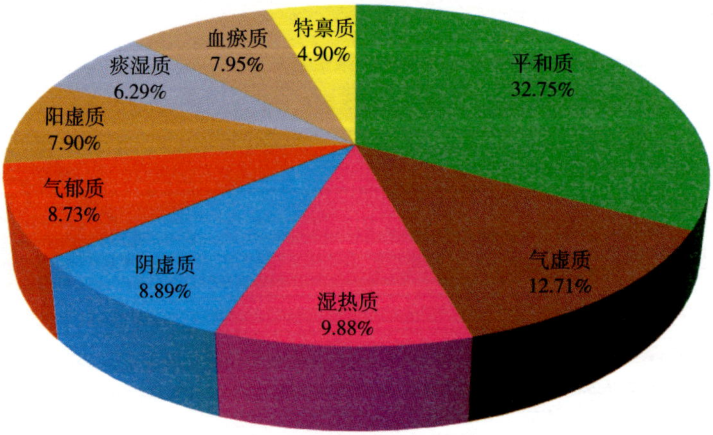

九种中医体质人群所占比例

下面我们开始自我介绍，大家可根据我们各自的形体特征、表观特征、心理特点、适应能力及常见病等方面信息对号入座。

形体特征
体型匀称健壮

心理特征
性格随和开朗

适应能力
对外适应能力较强

表观特征
肤色润泽，发密有光泽，目光有神，嗅觉通利，味觉正常，精力充沛，耐受寒热，睡眠安和，胃纳良好，二便正常

常见病
平素患病较少

平和质

形体特征
肌肉松软

心理特征
性格内向、不稳定

适应能力
不耐受寒邪、风邪、暑邪

表观特征
气短懒言，精神不振，疲劳易汗，目光少神，唇色少华，毛发不泽，头晕健忘，大便正常，小便或偏多

常见病
易患感冒、内脏下垂等病症

气虚质

形体特征
肌肉松软
心理特征
内向沉静
适应能力
耐夏不耐冬，易感湿邪
表观特征
平素畏冷，喜热饮食，精神不振，睡眠偏多，口唇色淡，毛发易落，易出汗，大便稀薄，小便清长
常见病
发病多为寒证，易患肿胀、泄泻、阳痿等病症

阳虚质

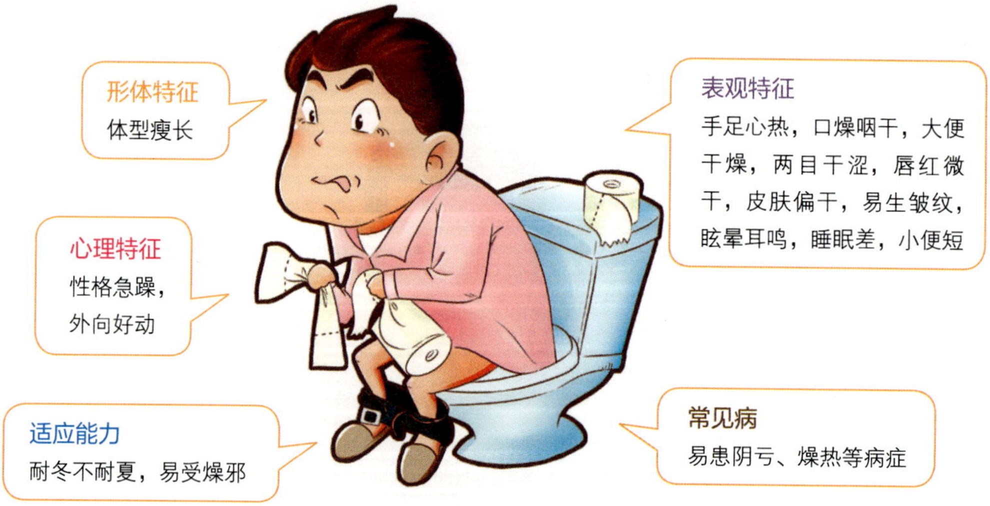
形体特征
体型瘦长
心理特征
性格急躁，外向好动
适应能力
耐冬不耐夏，易受燥邪
表观特征
手足心热，口燥咽干，大便干燥，两目干涩，唇红微干，皮肤偏干，易生皱纹，眩晕耳鸣，睡眠差，小便短
常见病
易患阴亏、燥热等病症

阴虚质

形体特征
体型肥胖，
腹部肥满松软

心理特征
性格温和，
多善忍耐

适应能力
不适应潮湿环境

表观特征
面部油多，多汗且黏，面黄胖暗，眼泡微浮，容易困倦，身重不爽，大便正常或不实，小便不多或微浑

常见病
易患痰湿、中风、胸痹等病症

痰湿质

形体特征
体型偏胖

心理特征
急躁易怒

适应能力
对湿热交蒸气候难适应

表观特征
面垢油光，易生痤疮，口苦口干，身重困倦，大便燥结，小便短赤，男易阴囊潮湿，女易带下量多

常见病
易患疮疖、黄疸、火热等病症

湿热质

形体特征
瘦人居多
心理特征
性情急躁，心情易烦
适应能力
不耐受风邪、寒邪
表观特征
面色晦暗，易有瘀斑，易患疼痛，口唇暗淡或紫，眼眶暗黑，易发脱落，肌肤干，女性多见痛经、闭经等
常见病
易患出血、中风、胸痹等病症

血瘀质

形体特征
体型偏瘦
心理特征
忧郁脆弱，敏感多疑
适应能力
不喜阴雨天，不耐精神刺激
表观特征
忧郁面貌，烦闷不乐，胸肋胀满，走窜疼痛，多伴叹息则舒，睡眠较差，健忘痰多，大便偏干，小便正常
常见病
易患郁症、不寐、惊恐等病症

气郁质

特禀质

我们药食两用蔬菜和体质各自都有自己的小脾气，如果我们之间情投意合，就会事半功倍，强身健体；如果我们之间闹别扭，就会适得其反，不利健康。告诉你几个原则，这可是秘密哦，一般人我不告诉他。

①气虚质的人应多吃具有益气健脾作用的食物，少食具有耗气作用的蔬菜。
②湿热质的人饮食应清淡，多吃寒凉性的蔬菜，少食辛温助热的蔬菜。
③阴虚质人应多吃寒凉滋润的蔬菜，少食性温燥烈的蔬菜。
④气郁质的人应多吃具有行气、解郁、消食、醒神的蔬菜。
⑤阳虚质的人应多吃辛温益气的蔬菜，少食生冷、寒凉的蔬菜。
⑥痰湿质的人多吃具有化痰祛湿功效的蔬菜。
⑦血瘀质的人应多吃具有活血、行气作用的蔬菜。
⑧特禀质的人不宜食用具有刺激性、致敏性作用的蔬菜。
⑨平和质的人对蔬菜的性味和作用无特殊要求，只需合理搭配，适量食用即可。

了解了自己的体质和搭配原则后，是不是想开始动手为自己和家人选择适宜的保健蔬菜了？让表 1-1 来帮你。

表 1-1　常见蔬菜适宜体质类型

保健蔬菜	平和质	气虚质	阳虚质	阴虚质	痰湿质	湿热质	血瘀质	气郁质	特禀质
艾蒿	✓	✓	✓		✓			✓	
白菜	✓				✓	✓	✓	✓	
白萝卜	✓			✓	✓	✓	✓	✓	
百合	✓	✓		✓	✓	✓	✓	✓	
菠菜	✓			✓	✓	✓	✓	✓	
薄荷	✓				✓	✓	✓	✓	
草决明	✓				✓	✓		✓	
长叶车前	✓				✓	✓			
穿心莲	✓			✓	✓	✓			
葱	✓	✓	✓		✓		✓	✓	
冬瓜	✓				✓	✓	✓	✓	
番茄	✓			✓	✓	✓	✓	✓	
甘蓝	✓	✓	✓	✓	✓	✓	✓	✓	
胡萝卜	✓	✓	✓	✓	✓	✓	✓	✓	
花椰菜	✓	✓	✓	✓	✓	✓	✓	✓	
黄瓜	✓			✓	✓	✓	✓	✓	
黄花菜	✓	✓	✓	✓	✓	✓	✓	✓	
黄芪	✓	✓	✓				✓	✓	
黄秋葵	✓			✓	✓	✓			
茴香	✓	✓	✓		✓		✓	✓	
荠菜	✓			✓	✓	✓	✓		
姜	✓	✓	✓		✓			✓	
芥蓝	✓			✓		✓			
韭菜	✓	✓	✓				✓	✓	
桔梗	✓			✓	✓	✓		✓	
苦瓜	✓			✓	✓	✓	✓		
辣椒	✓	✓	✓				✓	✓	
莲藕	✓	✓	✓	✓	✓	✓	✓	✓	
芦笋	✓	✓	✓		✓	✓	✓	✓	

续表

保健蔬菜	平和质	气虚质	阳虚质	阴虚质	痰湿质	湿热质	血瘀质	气郁质	特禀质
马齿苋	✓				✓	✓			
马兰	✓	✓	✓					✓	
南瓜	✓	✓	✓	✓	✓	✓	✓	✓	
牛蒡	✓			✓	✓	✓	✓	✓	
蒲公英	✓			✓	✓	✓	✓		
茄子	✓			✓	✓	✓	✓	✓	
芹菜	✓			✓	✓	✓	✓	✓	
沙参	✓			✓		✓			
生菜	✓			✓	✓	✓	✓		
食用大黄	✓				✓	✓	✓		
食用菊花	✓			✓	✓	✓			
四季豆	✓	✓	✓	✓	✓	✓	✓	✓	
藤三七	✓	✓	✓		✓		✓		
茼蒿	✓	✓	✓	✓	✓	✓	✓	✓	
土藿香	✓				✓	✓		✓	
莴笋	✓			✓	✓	✓	✓	✓	
西葫芦	✓			✓	✓	✓			
西蓝花	✓	✓	✓	✓	✓	✓	✓	✓	
香菜	✓	✓	✓		✓		✓	✓	
香椿	✓	✓	✓		✓	✓	✓	✓	
洋葱	✓	✓	✓		✓		✓	✓	
养心菜	✓	✓	✓	✓	✓	✓	✓	✓	
叶用枸杞	✓			✓	✓	✓			
油麦菜	✓			✓	✓	✓	✓	✓	
鱼腥草	✓				✓	✓			
紫甘蓝	✓	✓	✓	✓	✓	✓	✓	✓	
紫苏	✓				✓	✓		✓	

注：①表格中各种蔬菜按音序排列。
②特禀质人群如对蔬菜无过敏反应，可酌情食用。

其实，除了对各种体质的保健作用，我们还可以辅助调整多种疾病，下面我一一为您介绍。

高血糖 高血糖是常见病症之一，糖尿病患者需常年借助药物或胰岛素以维持正常血糖，给生活带来诸多不便，保健蔬菜可在一定程度上帮助调节血糖。有助于改善高血糖的保健蔬菜包括：黄瓜、南瓜、冬瓜、茄子、山药、番茄、西葫芦、胡萝卜、白萝卜、芹菜、芥蓝、菠菜、荠菜、马齿苋、白菜、紫甘蓝、西蓝花等。

高血压 有助于改善高血压的保健蔬菜包括：苦瓜、黄瓜、莴笋、胡萝卜、茼蒿、芹菜、菠菜、马齿苋、番茄、茄子、韭菜、荠菜、白菜、西蓝花、香菜、山药等。

高脂血症 有助于改善高脂血症的保健蔬菜包括：菊花、胡萝卜、芦笋、茄子、韭菜、山药、花椰菜、苦瓜、黄瓜等。

便秘 由于大肠内没有水分或者肠的蠕动受阻，导致大便停留在肠内。当饮食和排便没有规律、压力过多或者长时间坐着工作时，会出现便秘。有助于改善便秘的保健蔬菜包括：红薯、牛蒡、黑芝麻等。

眼睛疲劳 眼睛疲劳时，会出现眼花、流眼泪、眼屎多、充血等现象，这不仅与用眼过度有关，而且与肝脏的健康有关。有助于改善眼睛疲劳的保健蔬菜包括：菊花、决明子、甘蓝等。

头痛 头痛是十分常见的病症，很多上班族由于过度疲劳和压力大而患有神经性头痛。佩戴不适合的眼镜、中耳炎、慢性鼻炎、高血压、低血压等都可引起头痛。有助于改善头痛的保健蔬菜包括：菊花（可改善由高血压引起的头痛）、生姜（对感冒初期的头痛有改善作用）、决明子等。

易感疲劳 疲劳是亚健康状态持续的标志。有助于缓解疲劳的保健蔬菜包括：沙参、黄芪（对因过度疲劳而导致的虚弱体质有改善作用）等。

焦虑、失眠 工作、生活中的多种压力都会导致焦虑、失眠。有助于改善焦躁不安的保健蔬菜包括：百合、莲子等。

其实，我们的作用还有很多，表 1-2 会告诉你更多我们的功效哟。

表 1-2 常见蔬菜适宜调理的病症

保健蔬菜	高血糖	高血压	高脂血症	便秘	眼睛干涩、昏花	头痛、头晕	易感疲劳	痰多	焦躁不安	消化不良	预防癌症	解毒、美容、养颜	清火下火、祛痘	肠胃不适、胀气	改善睡眠	暑热致身体不适	增强免疫力	祛浮肿	咽喉干、痒、痛	补气、补肾、强身健体	宁心安神
艾蒿								✓	✓	✓					✓		✓			✓	✓
白菜	✓	✓		✓							✓		✓	✓					✓		
白萝卜			✓	✓		✓		✓	✓	✓	✓			✓				✓			
百合	✓		✓		✓			✓			✓				✓				✓		✓
菠菜		✓		✓		✓				✓	✓										
薄荷					✓	✓		✓		✓		✓	✓	✓		✓			✓		
草决明		✓	✓	✓	✓	✓			✓	✓										✓	
长叶车前		✓			✓			✓		✓			✓	✓				✓			
穿心莲				✓				✓		✓			✓		✓	✓	✓		✓		✓
葱			✓			✓				✓		✓		✓							
冬瓜	✓	✓	✓					✓				✓	✓					✓			
番茄	✓	✓								✓	✓	✓	✓	✓				✓			
黑芝麻	✓	✓	✓	✓	✓	✓	✓				✓			✓	✓		✓			✓	✓
胡萝卜		✓			✓					✓				✓							
花椰菜			✓				✓			✓											
黄瓜	✓				✓							✓	✓						✓		
黄花菜		✓	✓	✓	✓		✓				✓	✓		✓	✓		✓				✓
黄芪	✓	✓	✓				✓				✓	✓			✓		✓	✓		✓	✓
黄秋葵		✓		✓						✓	✓	✓					✓	✓		✓	
茴香				✓						✓				✓							
荠菜		✓			✓	✓												✓			

续表

保健蔬菜	高血糖	高血压	高脂血症	便秘	眼睛干涩、昏花	头痛、头晕	易感疲劳	痰多	焦躁不安	消化不良	预防癌症	解毒、美容、养颜	清火下火、祛痘	肠胃不适、胀气	改善睡眠	暑热致身体不适	增强免疫力	祛浮肿	咽喉干、痒、痛	补气、补肾、强身健体	宁心安神
姜						✓		✓		✓				✓			✓	✓			
芥蓝												✓							✓		
韭菜	✓	✓	✓				✓			✓				✓			✓	✓		✓	
桔梗								✓		✓		✓	✓				✓	✓	✓		
苦瓜		✓			✓								✓	✓		✓		✓			
辣椒	✓	✓					✓			✓											
莲藕				✓			✓		✓			✓	✓	✓		✓	✓	✓	✓		✓
芦笋			✓				✓											✓			
马齿苋	✓	✓	✓	✓						✓		✓	✓	✓		✓		✓			
马兰										✓			✓	✓					✓		
南瓜	✓	✓								✓		✓	✓								
牛蒡	✓	✓	✓	✓		✓		✓			✓	✓		✓				✓	✓		
蒲公英	✓		✓	✓	✓					✓		✓	✓				✓	✓		✓	
茄子	✓		✓								✓	✓	✓					✓			
芹菜	✓	✓				✓		✓			✓							✓			
沙参				✓	✓		✓		✓				✓		✓		✓		✓	✓	✓
生菜					✓					✓	✓										
食用大黄			✓	✓	✓					✓		✓	✓				✓	✓	✓		
食用菊花	✓	✓	✓		✓	✓			✓			✓	✓								✓
四季豆				✓						✓	✓	✓		✓			✓				
藤三七				✓						✓		✓	✓	✓			✓			✓	

续表

保健蔬菜	高血糖	高血压	高脂血症	便秘	眼睛干涩、昏花	头痛、头晕	易感疲劳	痰多	焦躁不安	消化不良	预防癌症	解毒、美容、养颜	清火下火、祛痘	肠胃不适、胀气	改善睡眠	暑热致身体不适	增强免疫力	祛浮肿	咽喉干、痒、痛	补气、补肾、强身健体	宁心安神
茼蒿		✓						✓	✓					✓	✓						
土藿香								✓		✓				✓		✓		✓			
莴笋		✓	✓																		
西葫芦	✓							✓					✓					✓			
西蓝花	✓									✓				✓					✓		
香菜		✓								✓				✓			✓				
香椿						✓				✓											
洋葱	✓	✓	✓	✓						✓	✓	✓		✓			✓				
养心菜		✓	✓						✓			✓			✓						✓
叶用枸杞		✓	✓		✓	✓			✓			✓	✓		✓		✓			✓	
油麦菜		✓	✓					✓				✓	✓		✓	✓	✓	✓	✓		✓
鱼腥草	✓		✓	✓				✓			✓	✓	✓	✓	✓		✓		✓		
紫甘蓝	✓				✓					✓					✓				✓		
紫苏						✓		✓		✓		✓		✓				✓			

注：表格中各种蔬菜按音序排列。

说了这么多，我该休息一会儿。
下面轮到你自己动手喽，可不要偷懒哟。
首先是准备工作。

Part Ⅱ

种菜前的准备工作

Preparation Before Planting Healthy Vegetable

1 给自己的阳台归个类

阳台环境条件最关键的是**阳台朝向**（表 2–1）和**阳台封闭情况**（表 2–2）。

根据阳台情况设计种植方案时，除了以上两点外，还有其他注意事项，例如通风情况及排水情况等，一定要依据阳台实际情况做出选择，这样你就可以事半功倍了！

表 2–1　阳台朝向决定光照

	南　向	东向或西向	北　向
光照	全日照	半日照	无日照
可选种蔬菜范围	范围广	喜阳耐阴植物	耐阴植物

表 2–2　阳台封闭情况决定温度

	全　封　闭	半封闭或未封闭
温度	高、稳定	随季节变化
光照	无太阳直射	有太阳直射
种植季节	四季均可	取决于外界温度
可选种蔬菜范围	范围广	受外界影响大

小贴士

无论何种类型、何种朝向的阳台，都要防止太阳光直射或强光辐射，可以搭建简易遮光设备，也可栽种一些藤蔓植物遮阳保温。

全封闭阳台

半封闭阳台

未封闭阳台

2 选择合适的工具

种植工具包括花盆、花架、小锄头、小铲子、花洒等，这里主要向您介绍花盆的选择与制作。

(1) 花盆的选择

慎用黑色 因为黑色吸热，有可能损害植物根系。如果选择了黑色容器，最好涂上一层颜色较浅的漆，或者把容器遮挡起来，以免阳光直射。

宁大勿小 大点的容器不仅有充裕的地方放肥料，而且蓄水量也大，夏季不会很快干涸。

最好选择陶制和木制容器 陶制和木制容器比塑料容器排水快，需要多浇水。塑料容器不要放在窗边，因为塑料器皿重量轻，易被风吹倒。

塑料花盆

竹艺吊盆

陶艺吊盆

花盆 DIY 充分利用身边的一切材料，只有想不到没有做不到：塑料盆、提桶、花箱、花槽、木箱、铝皮箱、镀锌铁皮箱、塑料盒、坛子、食品灌，甚至浴盆、轮胎、麻袋、烧烤盘等都可以利用；盆、桶、箱、坛子、篮子、壶等生活器物亦可用来种菜 ；块茎蔬菜如牛蒡可以在袋子中栽种；轮胎、麻袋等也是栽种蔬菜的好容器。

当然，如果可以给 DIY 的花盆加点色彩或者做个造型，那就更别有一番风味了。

注：自制花盆一定要注意采取措施，防止泥土过分流失和控制排水情况。

下面介绍两种方法。**排水孔：**无论选用何种容器栽种蔬菜，都必须保证底部有排水孔，保证排水通畅。容器的排水十分关键。排水不良，植物根系窒息腐烂；排水过快，又会使植物缺水而枯死。市场上购买的花盆、花槽等专业容器，底部都有排水孔。用生活器物改装的容器，就要自己钻几个排水孔，一般可在底部周围均匀地钻几个直径0.5～1厘米的排水孔。

垫盆：为避免浇水时泥土流失，可进行“垫盆”，即用碎的花盆片、瓦片或窗纱覆盖住排水孔，要求既挡住排水孔。为促进排水，可在垫盆物之上放一些粗沙砾或小石子，保持排水通畅。

（2）其他工具的选择

除了花盆，花架、花洒等一系列工具可去花卉市场直接购买。

常用工具

小铲

松土工具

工具套装

大铲

花洒

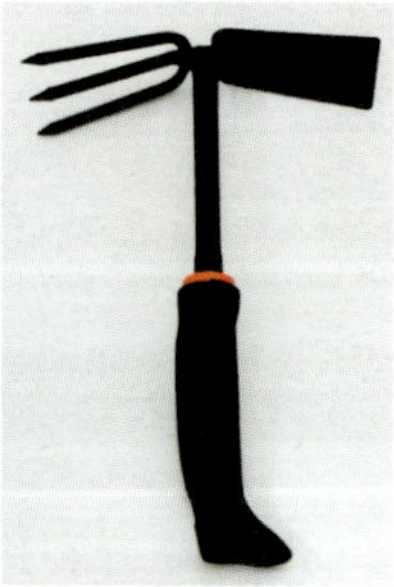
除草铲

各式花架

3 教你几个种植小技巧

(1)合适的土壤

家庭种菜一般采用土壤栽培方式。土壤栽培有对 pH 值等有较强的缓冲性，有很好的保肥、保水能力，各种有益菌的活动有利于植物生长等优点。家庭种菜通常采用有机栽培的培养土，这些培养土在农艺市场都可买到，可根据蔬菜种类选用专用的培养土，一般建议选择草炭土作为栽培基质。除此之外，为了让土壤更加疏松还可以掺入蛭石，为了让盆栽看上去更加美观并抑制杂草的生长，还可以在土壤表层覆盖一层珍珠岩或陶粒。此外，珍珠岩和木炭（陶粒）还有助于排水和净化土壤，但是含有珍珠岩较多的土壤容易干，要常浇水。木炭有吸水的功能，种植时可以放在花盆的底部。

草炭土

陶粒

蛭石

珍珠岩

(2)正确的肥料

土壤栽培可选用传统肥料，也可使用纯天然营养液。若用传统肥料，最好选用有机肥，它包括植物性肥料和动物粪肥等。尽可能不用化学肥料，因为化学肥料会残留酸根或盐根，盆土会变成酸性或碱性，妨碍植物的生长。 农艺市场上有各种专用有机肥料，可根据蔬菜种类选择合适的有机肥。

肥料 DIY　利用厨余自制有机堆肥的方法非常简单：先将栽植容器底层铺上碎瓦片或窗纱等进行垫盆，然后覆土约 2 厘米，再将沥干的厨余放在容器中（约 3 厘米），再覆上一层厚土（6 ~ 9 厘米），堆肥就做成了。在这个容器中就可进行播种栽种了。

（3）防治病虫害

如何诊断病害 容器中栽植的蔬菜与大田栽培的蔬菜一样，也可能遭受各种病害和虫害的攻击，应注意观察蔬菜的叶、茎等器官是否生长良好以及是否出现害虫。一旦发现问题，首先要区别是否是水分、光照、温度等环境条件问题或基质肥力问题。排除这些因素后，再确定是病害还是虫害。出现病害时，植株出现的症状及其对应的病因和防治措施详见表2–3。

表2–3 常见病害植株症状及防治措施

植株症状	病 因	措 施
植株徒长，细长，不结果	光照不足	将容器搬到光照充足的地方
植株矮小	氮素过量	降低营养液中的养分含量
植株从底部开始发黄、缺乏活力、颜色黯淡	浇水过多	减少浇水次数，检查容器排水是否良好
尽管浇水充足，植株仍然萎蔫	排水和通风不良	增加容器的排水孔，提高栽培基质中的有机物含量
菜叶焦边	基质含盐量高	定期用自来水清洗容器
植株生长缓慢，抵抗力弱，略显紫色	低温	将容器放到较暖和的地方
叶子扭曲或有缺刻	虫害	喷洒环保的杀虫剂
叶上有黄斑、枯斑、粉斑或锈斑	病害	除掉患病部位，喷洒环保的杀菌剂

如何诊断虫害 阳台药用蔬菜的种植也不可避免地会有虫害，那怎么防治虫害呢？下面就为您普及一些害虫防治知识。蔬菜病虫的诊断方法可通过各时期害虫的形态特征来鉴别，或通过害虫残遗留物诊断，包括害虫的残遗留物，如卵壳、蛹壳、脱皮、虫体残毛及死虫尸体等，以及害虫的排泄物，如粪便、蜜露物质、丝网、泡沫状物质等。常见虫害植株症状及防治措施参见表2–4。

表 2-4　常见虫害植株症状及防治措施

植株症状	原　因
叶片被食，形成缺刻	多为咀嚼式口器的鳞翅目幼虫和鞘翅目害虫所吃
叶片上有线状条纹或灰白、灰黄色斑点	多是刺吸式口器害虫，如叶蝇或椿象等害虫所害
菜苗被咬断或切断	为蟋蟀或叶蛾等所为
分泌蜜露引发煤病（害虫通过产生蜜露状排泄物覆于蔬菜表面造成黑色斑点）	以吸汁排液性的害虫为主，如各种蚜虫
心叶缩小并变厚	甜椒和辣椒上多出现此类症状，这与螨类害虫有关
蔬菜体内被危害	这类害虫一般进入蔬菜的体内，从外部很难看到它们。若发现菜株上或周围有新鲜的害虫粪便且菜株上有新鲜的虫口，则可判断害虫已在菜体内危害。有时虽然有粪便和虫口，但已经干涸，则表明害虫已经转移到其他地方。此类害虫多为蛾类害虫和幼虫
菜苗上部枯萎死亡	这表明蔬菜根部受到损害，此多为地下害虫所为，如蝼蛄、根螨、根线虫等
块状果实被蛀食和腐烂，马铃薯、洋葱、蒜等的地下块根在生长和储藏中腐烂或被蛀食	此类多为鼻虫、根螨等

注意：根据这些特征来判定害虫并采取相应的防治措施，首先要排除其他因素的影响，如肥料或水分过多造成蔬菜苗上部萎蔫死亡等。

绿色防病虫害小妙招　掌握好上面这些辨别方法，对一般病虫害便能对症下药。

人工捕捉　要经常留心菜叶正反面和周围的泥土，看有没有害虫的迹象。

及时剔除　一旦发现病虫害感染、侵食的枝叶，就要立即摘除，受害太深的蔬菜应连根剔除，把盆土换掉或消毒后使用。

土壤消毒　可以控制地老虎、棉铃虫、叶蝉、蚜虫、蝼蛄之类的害虫。

压力喷雾　用加压喷水壶喷水可以将蜘蛛螨、蚜虫等从菜叶上冲下来。

撒面粉　种植叶菜类蔬菜时，可在清晨趁露水未干时，在菜叶上撒一些面粉，近中午时，就会发现菜青虫在面糊中挣扎着动弹不得。

啤酒陷阱　在植株旁放一碗啤酒，可以诱使蜗牛和鼻涕虫跌入。

牛奶喷雾　将牛奶装入喷雾器朝蚜虫喷洒，牛奶形成的膜可覆盖蚜虫的呼吸器官，使其死亡。

调味料喷雾　将味精或米醋稀释制成喷雾，有防虫、防病效果，而且可促进植株生长。

植物驱虫剂　芦笋汁对线虫有很好的杀灭作用；大蒜研磨成粉或榨取汁液喷洒在蔬菜和种子上，也有很好的杀菌、驱虫作用；辣根也有很强的杀菌、驱虫、净化土壤的能力。另外，橘皮、辣椒、薄荷、万寿菊、鼠尾草、迷迭香、旱金莲等植物都可以用来制作驱虫剂。

物理方法　利用一些害虫的趋光性诱杀成虫，可用诱虫灯诱杀害虫；利用害虫趋黄的习性，采用黄板、黄盆、黄色诱杀粘纸、粘条诱杀害虫；利用蚜虫对银灰色的忌避习性，铺银灰色膜或挂条防止蚜虫迁飞传毒，减轻病毒性病害等。

尿素＋洗衣粉　把洗衣粉、尿素、水按 1∶4∶400 的比例配制成水剂，对蚜虫的杀虫率为 93.7% ~ 98.3%，药效高于化学农药。此方还有根外追肥的作用且无公害。

总而言之，如果您遇到了病虫害的麻烦，不要急于求助农药和化学杀虫剂，尽可能采用简单、安全、自然的方法解决。

4 选择适宜的种植时间

半封闭式阳台或开放式阳台，温度受外界影响较大，建议尊重蔬菜本身的生长规律，适时播种和采收，具体时间可参考表 2-5。封闭式阳台一般都有良好的温度控制效果，保健蔬菜的种植季节可拓宽为全年。

表 2-5　常见蔬菜播种月份速查

	1	2	3	4	5	6	7	8	9	10	11	12
艾蒿			—	—								
白菜			—	—	—	—	—	—				
白萝卜			—	—	—	—			—	—	—	
百合			—	—								
菠菜			—	—	—	—			—	—		
薄荷			—	—	—							
草决明				—								
长叶车前			—	—	—	—	—					
穿心莲				—	—	—						
葱			—	—	—	—	—					
冬瓜			—	—	—							
番茄					—	—	—					
甘蓝			—	—	—							
胡萝卜			—	—	—	—	—	—	—			
花椰菜						—	—					
黄瓜			—	—	—	—	—					
黄花菜		—	—	—								
黄芪				—					—			
黄秋葵			—	—	—							
茴香			—	—	—				—	—		
姜					—							
芥蓝				—	—	—						
韭菜			—	—	—				—	—		
桔梗			—	—				—	—			
苦瓜			—	—								
辣椒		—	—	—								
莲藕		—	—	—				—	—			
芦笋	—	—										
马齿苋					—	—	—	—				

续表

	1	2	3	4	5	6	7	8	9	10	11	12
马兰			—	—	—	—	—					
南瓜				—	—	—	—					
牛蒡			—	—	—	—						
蒲公英				—	—	—	—					
荠菜			—	—	—				—	—		
茄子				—	—	—	—					
芹菜						—	—					
沙参				—	—				—	—		
生菜			—	—	—				—	—		
食用大黄			—	—	—							
食用菊花				—	—							
四季豆			—	—	—							
藤三七	—	—	—	—								—
茼蒿			—	—	—	—	—					
土藿香			—	—	—	—	—					
莴笋			—	—	—				—	—		
西葫芦				—	—	—	—					
西蓝花						—	—					
香菜			—	—	—				—	—		
香椿				—								
洋葱									—			
养心菜			—				—	—				
叶用枸杞			—	—	—							
油麦菜			—	—	—	—	—					
鱼腥草				—	—	—						
紫甘蓝						—	—					
紫苏			—	—	—							

注：表格中各种蔬菜按音序排列。

Part Ⅲ

阳台上的保健菜园

Cultivation of Healthy Vegetable

薄荷 辛能发散，凉能清利

“辛能发散，凉能清利，专于消风散热。”

——《本草纲目》

薄荷可凉拌，炒，做汤、糕饼、泡茶等。

类　　属 茎叶类

种植难易 高☐　中☐　低✓

光照要求 喜阳光充足 ☼

水分要求 喜水量充沛

适宜人群 平和质、痰湿质、湿热质、气郁质

食疗病症 流行感冒、头疼、目赤、身热、咽喉肿痛、牙床肿痛等

种 植 期 一般 3 ~ 4 月播种

收 获 期 播种 1 ~ 2 个月后即可采收

连续收获 可连续采收 1 个月左右

植物小百科

薄荷，多年生草本植物，茎直立，高30～60厘米，具须根及水平匍匐根状茎，锐四菱形，具四槽，多分枝。叶片长圆状披针形，花腋生，淡紫色。花期7～9月，果期10月。适应性很强，喜温和湿润、阳光充足、水量充沛的环境，最适生长温度为20～30℃，有较强的耐寒能力，以疏松肥沃、排水良好的沙质土为宜。全株有清凉的香味，挥发油含量高，主要为薄荷醇、薄荷酮等。味辛，性凉，可入药或食用，外感风热、头痛目赤、咽喉肿痛者宜食；口疮口臭、牙龈肿痛以及风热瘙痒者宜食。

种植日历

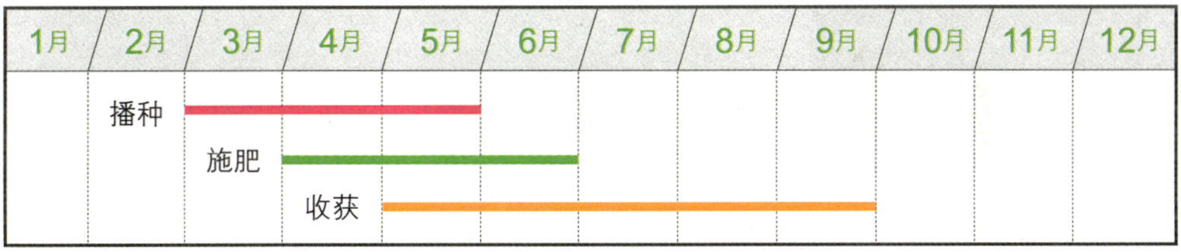

种植准备

薄荷种子、小型花盆、优质土、小石头、小铲子、喷壶、有机肥。

TIPS

1. 薄荷有斑枯病、锈病和银纹夜蛾等病虫害，及时摘除病叶或防治虫害即可。
2. 薄荷适应性强，耐寒且好种植，非常适合新手栽培，保持水分充足，薄荷会越采摘越茂盛，不拔除老植株，连续多年可以收获。
3. 薄荷既可榨汁，作为调味剂，又可作香料，还可配酒、冲茶等。
4. 腹泻、体质虚弱者不宜多食。

种植过程

播种 ► 浇水 ► 发芽 ► 疏苗 ► 移栽 ► 施肥 ► 收获 ► 追肥 ► 收获

播种

► 选择饱满的种子和小型花盆（方便面桶大小即可），一般在晴朗的下午播种，种子埋入土中 3 ~ 5 毫米为宜，以后定期（每 1 ~ 2 天）浇水。

养护

▲保持土壤湿润，约 1 周长出苗子。

▲苗子太密可以丢掉或移栽，2 ~ 3 周薄荷就长满了花盆。

▲ 1 个月后，薄荷长到 20 ~ 30 厘米高就可以摘了，应防治蚜虫侵害。

采收

◄从茎第 3 ~ 5 片叶子的地方摘取嫩茎或叶片即可。

美食链接 128 页→

草决明 明目“还瞳子”

“治青盲，目淫肤赤白膜，眼赤痛，泪出，久服益精光。”

——《神农本草经》

类　　属　种子类

种植难易　高□　中✓　低□

光照要求　喜光

水分要求　喜湿润

适宜人群　平和质、痰湿质、湿热质

食疗病症　眼疲劳、夜盲症、偏头痛、便秘、雀目、高血压、结膜炎、角膜炎等

种 植 期　一般 4 月中下旬播种

收 获 期　9 月末即可采收

连续收获　不可连续收获

决明子可以泡茶，也可做决明子粥。

植物小百科

草决明，豆科一年生草本植物，高 1 ~ 2 米，偶数羽状复叶，倒心形或倒卵状长椭圆形；花秋末开放，腋生，通常 2 朵聚生；喜高温、湿润气候。适宜于沙质壤土、腐殖质土或肥分中等的土中生长。其种子为决明子，俗称“还瞳子”，味苦、甘而性凉，蒽醌类成分含量高，具有清肝火、祛风湿、益肾明目等功能，“电视族”“电脑族”等人群宜常喝，但夜晚最好少饮。

种植日历

1月	2月	3月	4月	5月	6月	7月	8月	9月	10月	11月	12月
		播种	——								
			施肥	——	——						
						收获	——	——			

种植准备

草决明种子、小型花盆、优质土、小石头、小铲子、喷壶、有机肥。

TIPS

1. 播种前可以将种子置于 30℃温水中浸泡，8 小时后捞出，用湿布片盖好，进行保温催芽，约 5 天后播种。
2. 草决明叶片易生灰斑病，需要及时防治。
3. 草决明喜温暖、耐旱、不耐寒，怕冻害，以排水良好、土层深厚、疏松肥沃的沙质壤土为宜，并应注意防冻。

种植过程

播种 ► 浇水 ► 发芽 ► 疏苗 ► 移栽 ► 施肥 ► 开花 ► 结果 ► 收获

播 种

► 选择饱满的草决明种子和小型的花盆（方便面桶大小即可）晴天播种为宜，种子埋入土中 3 ~ 5 毫米为宜并定期（每 1 ~ 2 天）浇水。

养 护

▲约 1 周就能长出苗子，2 周后幼苗即可长出 4 ~ 5 对叶。

▲草决明成年植株较为高大，幼苗长到一定时间需移栽到稍大的花盆里，少量施肥。

▲ 4 个月左右草决明就会出现花苞，开花期间应注意防病虫害。

采 收

◄秋天可以采摘成熟的决明子果荚，种子可熬粥或者煮成“咖啡”。

美食链接 129 页→

长叶车前　修长纤细的美人

有种车前剪苗食法，则昔人常以为蔬矣，今野人犹采食之。

——《山居录》

车前叶可煸炒、凉拌、作辅料、泡茶等。

类　　属	茎叶类
种植难易	高☐　中✓ 低☐
光照要求	喜阳光充足 ☼
水分要求	怕涝、怕旱
适宜人群	平和质、阴虚质、痰湿质、湿热质
食疗病症	痰热咳喘、胃肠不适、高血压、慢性气管炎、小便不利、淋浊带下、水肿胀满、腹泻、目赤障翳等
种植期	春、夏、秋季均可播种
收获期	播种后1～2个月即可采收
连续收获	茎叶可连续采收

植物小百科

长叶车前，多年生草本，不同于普通车前，叶尤其细长嫩绿；花梗细长，开淡绿色小花，可高达 50 厘米；种子近椭圆形，黑褐色。花期 6 ~ 9 月，果期 7 ~ 10 月。喜温暖、阳光充足、湿润的环境，怕涝、怕旱，根茎再生能力强。嫩叶可食用，味甘，性寒。种子可入药。叶片膳食纤维、维生素 C 等含量丰富，对消化不良，胀气等有辅助治疗的功效。

种植日历

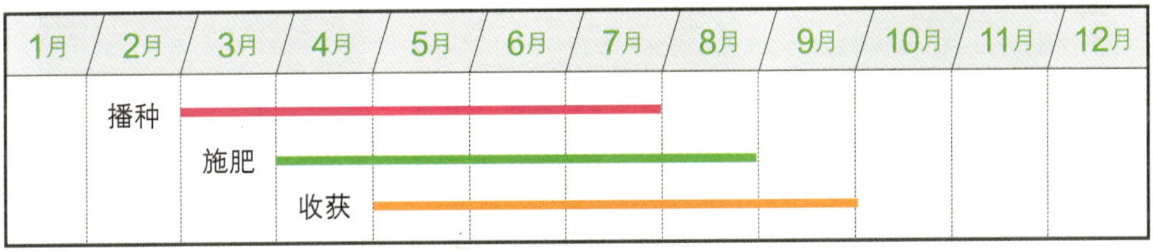

种植准备

长叶车前种子、小型花盆、优质土、小石头、小铲子、喷壶、有机肥。

TIPS

1. 长叶车前为多年生草本植物，喜温暖，阳光充足、湿润的环境，怕涝、怕旱，不宜浇水太过或太干。
2. 长叶车前易患褐斑病（生黑色小点，严重时病叶上病斑连成大片或成片枯死）和白绢病（为害根部），选用抗病强的种子并及时摘除病叶进行防治。
3. 长叶车前也可收获种子，种子具有很好的药用保健价值，肾虚寒者不宜食用长叶车前。

种植过程

播种 ► 浇水 ► 发芽 ► 疏苗 ► 施肥 ► 收获 ► 追肥 ► 收获

播种

► 选择饱满的车前种子和小型花盆（方便面桶大小即可），在晴朗的天气播种，种子埋入土中3～5毫米为宜，以后定期（每1～2天）浇水。

养护

▲约1周长出苗子，3周左右就可以长出7对叶片了。

▲土壤中有腐殖质，肥力很足，5周多已经特别茂盛了。

▲新长出的叶片应注意及时采摘，防止植株会长出花序。

采收

◄ 采摘时，从茎顶端第3～5片叶子的地方摘取嫩茎或叶片，注意及时摘除花穗。

美食链接 130页→

穿心莲 春季护肝明目佳品

富含丰富的维生素C，美容养颜。

——《泉州本草》

穿心莲可伴其他蔬菜炒食，也可凉拌。

类　　属　茎叶类　　**种植难易**　高☐　中☐　低✓

光照要求　喜半阴环境　　**水分要求**　忌多湿

适宜人群　平和质、阴虚质、痰湿质、湿热质

食疗病症　肠胃不适，感冒，咳嗽，高血压，咽喉肿痛，水火烫伤，毒蛇咬伤等

种 植 期　4～5月播种或扦插较好

收 获 期　扦插1个月左右即可采收

连续收获　茎叶可以连续采摘3～4个月

植物小百科

穿心莲实为番杏科植物花蔓草，肉质叶片，味甘甜，垂曼生长，花红色，花瓣细长。喜半阴环境，宜干燥、通风环境。忌高温多湿，喜排水良好的沙质土壤。不耐寒，生长适宜温度为15 ~ 25℃。一般 3 ~ 9 月是其生长旺期，需水量较大。味苦，性寒，含有丰富的维生素 C、叶酸、胡萝卜素、叶黄素、钾、镁等，对人体各个脏器都有很好的保健作用。春季食用，有很好的护肝功效；经常使用电脑等用眼过度的人群宜经常食用；具天然消炎和抗病毒成分，对流行性感冒、肺炎有良好的预防作用；此外，对上火、咽喉肿痛、牙龈炎、高血压、胆囊炎都有一定预防作用。

种植日历

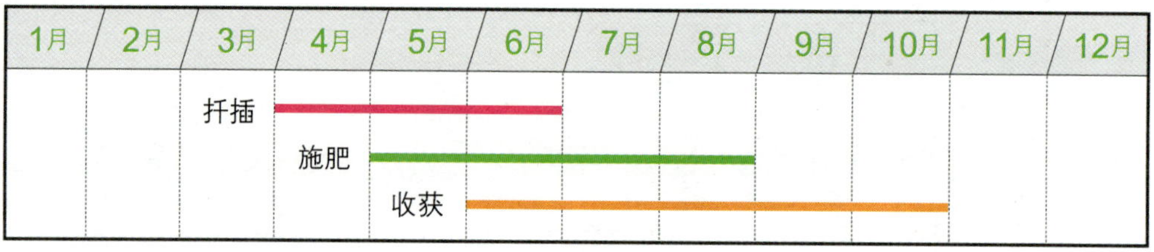

种植准备

穿心莲枝丫、小型花盆、优质土、小石头、小铲子、喷壶、有机肥。

TIPS

1. 如果用种子繁殖，播种前宜用冷水或温水浸种 12 小时，时间不宜过长。
2. 易倒伏，需降低土壤湿度，控制温度，注意通风，及时排除积水。
3. 喜高温、湿润气候，喜阳光充足、喜肥。温度低于 10℃会出现生长停滞或枯萎，应当保温、保湿。

种植过程

扦插 ► 浇水 ► 生根 ► 分蘖 ► 施肥 ► 防虫 ► 收获 ► 追肥 ► 收获

播种

► 穿心莲以扦插移栽为主，保证了穿心莲的口感和质量。选择有腋芽的枝条扦插在常用的小型花盆即可。

养护

▲ 扦插后叶片会有点枯萎，甚至出现部分凋落，保持土壤湿润，1 周左右可以成活。

▲ 成活后穿心莲生长旺盛，需要更多养分，可以适量施加有机肥肥料。

▲ 生长约 1 个月，穿心莲已经茂盛到将花盆完全盖住，可以开始采摘了。

采收

◄ 从茎基部分枝 2 ~ 3 节的地方，摘取嫩叶或嫩茎最为鲜嫩可口。

美食链接 131 页→

黄秋葵 神奇的绿色人参

“大如拇指，长二寸许，本大末尖，六棱有毛。”

——《本草纲目》

黄秋葵可炒食、煮食、凉拌、做泡菜。

类　　属	果实类	种植难易	高☐　中✓　低☐
光照要求	喜强光 ☼	水分要求	耐旱，不耐涝
适宜人群	平和质、阴虚质、痰湿质、湿热质		
食疗病症	贫血、消化不良、便秘、肾虚胃炎、胃溃疡、前列腺炎等		
种 植 期	一般春季播种		
收 获 期	播种后约 50 天开始采摘嫩果		
连续收获	果实可连续采收 4 个月左右		

植物小百科

黄秋葵，一年生草本植物。茎叶绿色，有侧枝，叶掌形，叶片有茸毛，花大而黄，果实形似羊角，种子淡黑色球形。喜强光，耐旱，不耐涝，喜温暖，怕严寒，对土壤适应性较广。嫩果中含维生素A、B族维生素、铁、钙及黏性蛋白质，营养价值高，堪比人参，在日韩被称为“绿色人参”。味甘，性凉，可助消化，能辅助治疗胃炎、胃溃疡及肾虚等，并有一定的抗癌作用，是一种很好的食疗蔬菜。种子可作为咖啡的代用品。

种植日历

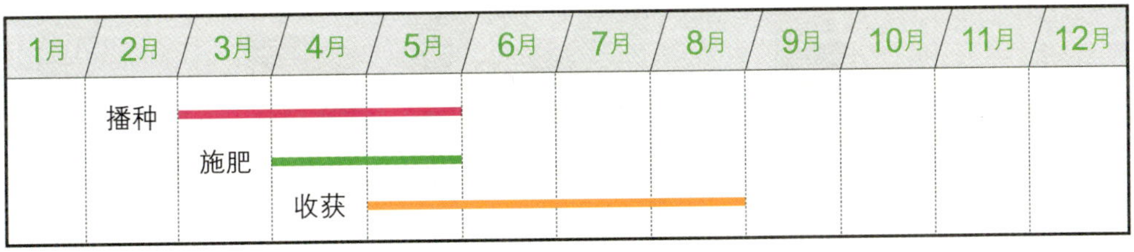

种植准备

黄秋葵种子、小型花盆、优质土、小石头、小铲子、喷壶、有机肥。

TIPS

1. 黄秋葵抗病力较强，不易发生病虫害，一旦发生可参照普通防治方法进行。
2. 黄秋葵开花期后应适当剪掉侧枝和老黄叶，利于果实生长；黄秋葵结果期较长，需肥量较大，需要多次追肥，并适当浇水。
3. 黄秋葵要及时采摘，若采收过迟，嫩果老化，口感会变差，而且会阻碍新果生长；早上采摘为好，用剪刀剪断果柄，不可用手硬拉，容易损伤枝条。
4. 黄秋葵的栽培类型和品种较多，有绿星、绿宝石、长绿、清福、五福、圣母指等。

种植过程

播种 ► 浇水 ► 发芽 ► 疏苗 ► 移栽 ► 施肥 ► 开花 ► 结果 ► 收获

播种

► 选择饱满的种子和小型花盆（方便面桶大小即可），晴朗的下午播种为宜，种子埋入土中 3~5 毫米，以后定期（每 1~2 天）浇水。

养护

▲保持土壤湿润，约 1 周即可长出幼苗，这段时间应避免曝晒。

▲以后每天都能看到明显变化，苗太密可以丢掉或移栽。

▲ 2 个月左右就开始结果实了，这时尤其要注意防病虫害。

采收

◄嫩果长至 5 ~ 8 厘米时就可以采下做菜了。

美食链接 132 页→

马齿苋 九头狮子草

“性寒，味甘酸。散血消肿，利肠滑胎，解毒通淋，治产后虚汗。”

——《本草纲目》

选择幼嫩茎叶凉拌、炒食或腌制均可。

类　　属 茎叶类　　**种植难易** 高☐　中☐　低✓

光照要求 怕强光　　**水分要求** 耐旱亦耐涝

适宜人群 平和质、痰湿质、湿热质

食疗病症 肠炎、胃肠不适、消化不良、便血、乳腺炎等

种 植 期 2～8 月可以随时播种

收 获 期 用种子播种 2 个月左右可采收

连续收获 茎叶可连续采收

植物小百科

马齿苋，即为《本草纲目》中记载的九头狮子草，一年生草本植物；高 10 ~ 30 厘米；为茎平卧或斜倚，伏地铺散，多分枝，圆柱形，淡绿色或带暗红色。叶互生，叶片扁平，似马齿状，花无梗，常 3 ~ 5 朵簇生枝端，午时盛开；种子细小，多数，偏斜球形，黑褐色，有光泽。喜肥沃土壤，耐旱亦耐涝，生命力强；全草供药用，嫩茎叶可作蔬菜。富含多种营养成分，其 ω-3 脂肪酸含量在绿叶菜中占首位。性寒，味酸。清热解毒，利水祛湿，散血消肿，消炎止痛，止血凉血。

种植日历

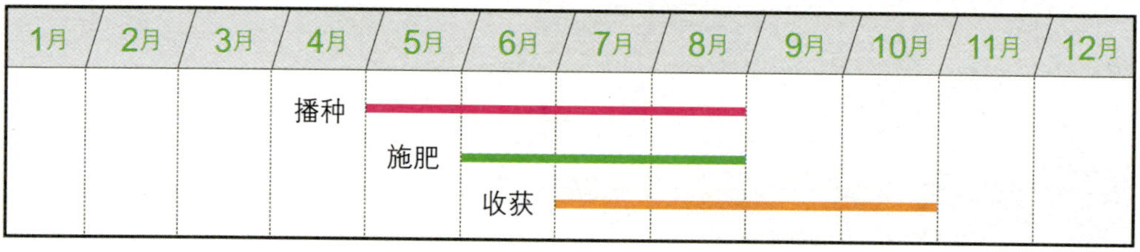

种植准备

马齿苋种子、小型花盆、优质土、小石头、小铲子、喷壶、有机肥。

TIPS

1. 除播种外，盆栽马齿苋还可采用压条的方式进行繁殖。
2. 马齿苋爱长蚜虫，在生蚜虫的初期就要及时将其除掉。
3. 当生长环境温度较高时，会刺激花朵的分化，及时摘除分化的花蕾可保证马齿苋正常的营养生长。
4. 采收时从第 2 至第 3 分支处，将其顶端剪掉，会促使其从剪口以下处置生出多条侧枝，可以收获更多的马齿苋。

种植过程

播种 ▶ 浇水 ▶ 发芽 ▶ 疏苗 ▶ 移栽 ▶ 施肥 ▶ 收获 ▶ 追肥 ▶ 收获

播种

▶ 选择饱满的马齿苋种子和小型花盆（方便面桶大小即可）一般在晴朗的下午播种，种子埋入土中 3 ~ 5 毫米为宜，定期（每 1 ~ 2 天）浇水。

养护

▲ 保持土壤湿润，3 ~ 5 天后就能长出幼苗。

▲ 1 周后，可酌情疏苗或移栽至其他容器，一般不用施肥。

▲ 2 个月后马齿苋就可以采摘了。幼嫩叶片易生蚜虫，应注意防治。

采收

◀ 马齿苋生长阶段可以随时采摘，也可连根拔出做菜，鲜嫩可口。

美食链接 133 页→

马兰 一次栽种多年采收

“补肾命，除寒湿，暖子宫，杀虫；治小儿疳积。”

——《医林纂要》

马兰头可煸炒，做汤，也可作辅料食用。

类　　属	茎叶类
种植难易	高□　中✓ 低□
光照要求	喜光 ☼
水分要求	耐旱亦耐涝
适宜人群	平和质、气虚质、阳虚质、气郁质
食疗病症	咽喉肿痛、咽喉发炎、扁桃体发炎、腮腺炎、水肿、痢疾、胃肠发炎、胃肠不适、月经不调等
种植期	春、夏、秋季都可以播种
收获期	播种后1个月左右可采收
连续收获	叶片可连续采摘

植物小百科

马兰，多年生草本，环境适应性强。地下平卧匍匐伏根茎，茎直立，高30～80厘米，叶片倒卵形或椭圆形。秋末开花，边花舌状，紫色；内花管状，黄色；嫩茎叶作蔬菜，一年四季均可采收，且栽种一次可连续采收多年。味辛，性微寒，含丰富的蛋白质、膳食纤维、维生素、胡萝卜素、挥发油和微量元素类成分，具清热解毒、散瘀止血、利湿、消食、消积等功效。

种植日历

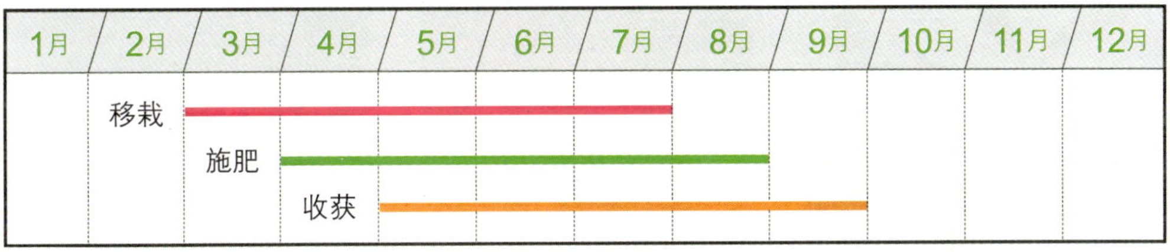

种植准备

马兰幼苗、小型花盆、优质土、小石头、小铲子、喷壶、有机肥。

TIPS

1. 马兰不易发生病虫害，偶尔发生点状的叶斑病，及时摘除病叶即可。
2. 马兰是一种一年四季均可采摘的蔬菜，可连续采收多年，剪去嫩梢后仍会不断地长出嫩梢。
3. 马兰的根也可食用，具有凉血止血、清热利湿、解毒消肿的功效，但孕妇须慎食。

种植过程

播种 ► 浇水 ► 发芽 ► 疏苗 ► 移栽 ► 施肥 ► 收获 ► 追肥 ► 收获

播种

► 老的马兰周围挖取（或购买）马兰幼苗，移栽到小型的花盆（方便面桶大小即可）里，保持土壤湿润。

养护

▲ 2～3天幼苗就能适应环境，长出新鲜叶片。

▲保持土壤湿润并少量施肥，马兰会长得很快。

▲ 1个月左右马兰就长得非常茂盛了，此时应注意防病虫害。

采收

◄茎长到10～15厘米高时，即可开始用剪刀剪取嫩梢和嫩叶了。一般每隔10～15天采剪1次。采剪时注意保留短的嫩芽，以保证后期产量。

美食链接 134页→

牛蒡 具独特香气的东洋参

“根、茎疗伤寒寒热，汗出，中风，面肿，消渴，热中，逐水。”

——《名医别录》

牛蒡可以炖汤、炒丝、熬粥、泡茶等。

类　　属	根类	**种植难易**	高✓　中□　低□
光照要求	喜光照 ☼	**水分要求**	耐旱，忌涝渍
适宜人群	平和质、阴虚质、痰湿质、湿热质、血瘀质		
食疗疾病	高血压、高脂血症、风热感冒、咳嗽痰多、麻疹风疹、咽喉肿痛等		
种 植 期	一般春、秋季播种		
收 获 期	播种后 4 ~ 5 个月即可采挖		
连续收获	不可连续采收		

植物小百科

牛蒡，中国古老的药食两用食物蔬菜，二年生草本植物，高 1 ~ 2 米。茎直立，带紫色，叶广卵形或心形，花淡红色，管状。瘦果椭圆形，灰褐色，花期 6 ~ 7 月，果期 7 ~ 8 月。喜温暖湿润气候，耐寒、耐热性颇强，耐旱，忌涝渍，宜选择冲积沙壤土或沙质壤土种植。牛蒡味苦、辛，性寒，凭借其独特的香气和纯正的口味，风靡日韩，走俏东南亚，并引起欧美有识之士的关注，可与人参媲美，有“东洋参”的美誉，纤维可以促进大肠蠕动，减少毒素、废物的积存。

种植日历

1月	2月	3月	4月	5月	6月	7月	8月	9月	10月	11月	12月
	播种	—	—	—	—						
		施肥	—	—	—	—					
						收获	—	—	—		

种植准备

牛蒡种子、中大型花盆、优质土、小石头、小铲子、喷壶、有机肥。

TIPS

1. 牛蒡为直立根，生长需要较深土壤，应当使用较深、较大容器种植，长到底部叶片变老发黄，即可开始采收，也可留在土里随时采收。
2. 牛蒡有根结线虫、蚜虫、蛴螬等害虫，要注意防治病虫害。
3. 牛蒡有辅助降低“三高”的作用，但是不宜长期大量食用，孕婴和经期妇女尤其不宜食用。

种植过程

播种 ► 浇水 ► 发芽 ► 疏苗 ► 移栽 ► 施肥 ► 收获

播种

► 选择饱满的种子和约 50 厘米深的花盆，铺上土和肥料，于晴朗的下午播种，种子埋入土中 3 ~ 5 毫米为宜，保持土壤湿润。

养护

▲ 约 1 周后长出幼苗，2 ~ 3 周时，将健壮的幼苗移到深盆里。

▲ 移栽后一段时间，牛蒡迅速长大，叶片有一本书的大小。

▲ 收获前可以适当施肥，牛蒡根容易受病虫害，应注意防治。

采收

◄ 种植 4 ~ 5 个月后即可采挖手指粗细的牛蒡，带泥存放可以保持水分。

美食链接 135 页→

蒲公英 无法停留的爱

“味甘，无毒，乌须发，壮筋骨。”

——《本草纲目》

其叶片可炒食、做汤等，根可炖，风味独特。

类　　属 根、茎、叶类　　**种植难易** 高□　中□　低✓

光照要求 喜光照充足 ☼　　**水分要求** 耐旱

适宜人群 平和质、痰湿质、湿热质、气瘀质

食疗病症 咽炎、鼻炎、青春痘、痤疮、眼结膜炎、流行性腮腺炎、高血糖、胃炎、肝炎、急性扁桃体炎等

种 植 期 4 ~ 9 月间均可播种

收 获 期 播种后 1 个月即可采收

连续收获 叶片可连续采收

植物小百科

蒲公英，多年生草本植物。叶根生，排成莲座状，狭倒披针形，全缘或有数齿，充满朝气的黄色花朵，花语是“无法停留的爱”，种子上有白色冠毛结成的绒球，花开后随风飘散，含有蒲公英醇、蒲公英素、胆碱、有机酸、菊糖等多种健康营养成分，味甘、苦，性寒，有利尿、缓泻、退黄疸、利胆等功效，同时有丰富的营养价值，是药食两用的植物。

种植日历

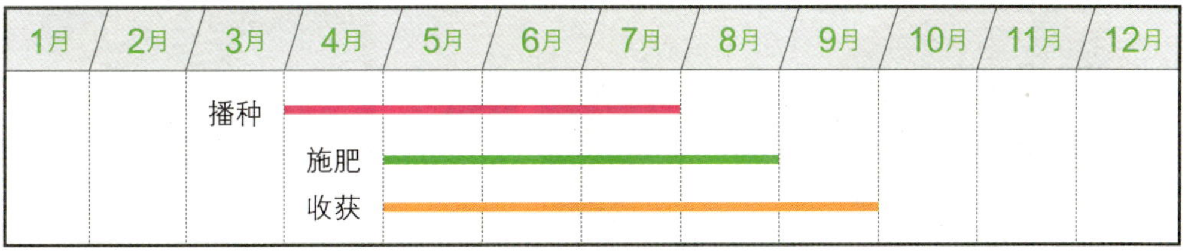

种植准备

蒲公英种子、小型花盆、优质土、小石头、小铲子、喷壶、有机肥。

TIPS

1. 蒲公英抗病、抗旱、抗虫能力很强，一般不需要进行病虫害防治。
2. 采下叶片后留下叶心，方便发出新芽，也可连根挖出收获，营养价值更高。
3. 在蒲公英花盘外壳由绿变为黄绿，花没有完全开放时，采下花朵放室内风干，可以收集到饱满成熟的种子。
4. 蒲公英可生吃、炒食、做汤、炝拌，风味独特。

种植过程

播种 ► 浇水 ► 发芽 ► 疏苗 ► 施肥 ► 收获

播种

► 用饱满的蒲公英和小型花盆（方便面桶大小即可），放入土壤肥料和石头，一般在晴朗的下午播种，种子埋入土中3～5毫米为宜，定时浇水即可。

养护

▲保持土壤湿润，3～5天后蒲公英长出幼苗。

▲3周左右幼苗迅速长大，放在室外，少量施肥即可。

▲1个月后，蒲公英长得茂盛，长出的花苞需及时摘除。

采收

◄叶片长大后可以随时采摘，也可以整株采挖。

美食链接 136页→

沙参 观花菜肴两相宜

“味苦，微寒，主血积惊气，除寒热，补中，益肺气。”

——《神农本草经》

沙参可用于炖菜，也可熬汤等。

类　属	根茎类
种植难易	高☐　中✓　低☐
光照要求	喜光 ☼
水分要求	耐旱
适宜人群	平和质、阴虚质、湿热质
食疗病症	咽喉肿痛、咳嗽、口角生疮、气管炎、慢性支气管炎、肺炎等
种植期	春、秋季均可播种
收获期	当年或次年可采收
连续收获	不可以连续采收

植物小百科

沙参，多年生草本，高 60 ~ 100 厘米，主根粗肥，细长圆锥形。茎单一，直立，上部分枝，叶片卵形；叶互生，卵形或窄卵形；夏季开蓝色花，果实近球形；喜温暖或凉爽气候，宜肥沃、富含腐殖质及排水良好的沙壤土或壤土。根可入药或食用，《神农本草经》列为上品，皂苷类成分含量较高，擅清热养阴、润肺止咳、益胃生津，排脓消肿，祛风止痒，适用于脾肺气虚，倦怠乏力，食少，自汗，舌淡，脉弱者食用。

种植日历

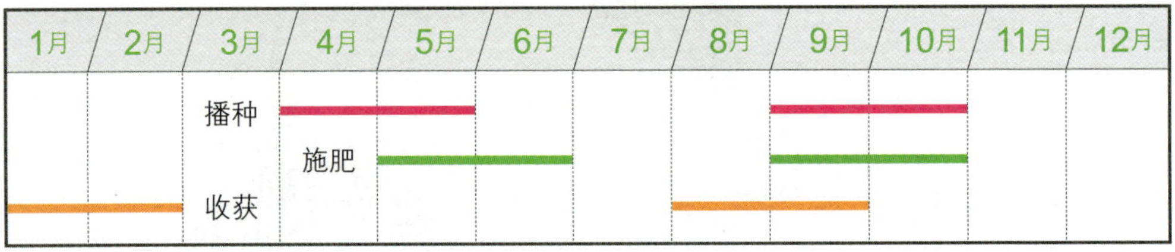

注：春季种秋季收或秋季种次年春季收。

种植准备

沙参种子、小型花盆、优质土、小石头、小铲子、喷壶、有机肥。

TIPS

1. 播种前，需浸种 2~3 天，以防蚜虫、地老虎、根腐病、褐斑病等为害。
2. 沙参虽耐干旱，但也需要适量水分，幼苗时期，干旱往往引起死苗，但水分过多，容易诱发根腐病。
3. 可在播种后 2~3 年采收，秋季挖取根部，除去茎叶及须根，洗净泥土，趁新鲜时用竹片刮去外皮，晒干或直接做菜。

种植过程

播种 ► 浇水 ► 发芽 ► 疏苗 ► 移栽 ► 施肥 ► 防虫 ► 收获

播 种

► 选择饱满的种子和小型花盆（方便面桶大小即可）一般在晴朗的下午播种，种子埋入土中 3 ~ 5 毫米为宜，保持土壤湿润。

养 护

▲ 8 ~ 10 天就能长出幼苗，再过 1 周就长到 30 厘米高了。

▲ 幼苗太密可以剔除或移栽，可以少量施肥。

▲ 秋季沙参会开出紫色的花，应注意防治根部病虫害。

采 收

◄ 茎枯萎后，当年或第二年秋即可采挖，带泥挖出方便储藏。

美食链接 137 页→

食用大黄 止血凉血，调节免疫力

“通宣一切气，调血脉，利关节，温瘴热痰，利大小便，并敷一切疮疖痈毒。”

——《日华子本草》

食用大黄叶柄可做糕饼馅、果酱等。

类　　属	茎叶类	种植难易	高✓　中☐　低☐
光照要求	喜光照 ☼	水分要求	较耐旱
适宜人群	平和质、痰湿质、湿热质		
食疗疾病	目赤咽肿、齿龈肿痛、便秘、跌打损伤等		
种 植 期	3 ~ 4 月播种最佳		
收 获 期	种子播种后当年可采收		
连续收获	茎叶可以连续采收		

植物小百科

食用大黄，学名圆叶大黄，多年生草本植物，高 35 ~ 50 厘米；大型纸质叶片，心状或圆形；叶柄粗短半圆柱形，用于食用；果实紫红色三角状或卵状椭圆形；种子卵形，深褐色。花期 5 月，果期 6 ~ 7 月。喜冷凉气候，耐寒，忌高温。叶柄中富含琥珀酸、胡萝卜素、多种维生素、矿物质，味酸清口，有止血凉血的功效，对血小板减少症有一定疗效，有调节免疫功能的作用，可防止过敏，还有通便的功效。

种植日历

1月	2月	3月	4月	5月	6月	7月	8月	9月	10月	11月	12月
	播种	——	——	——							
		施肥	——	——	——						
				收获	——	——	——	——	——		

种植准备

食用大黄种子、中大型花盆、优质土、小石头、小铲子、喷壶、有机肥。

TIPS

1. 食用大黄与中药材大黄来源不同，以肥厚的叶柄供食用，具有排毒养颜、减肥的功效，叶片等部位因含有叶酸过多不宜食用。
2. 易生根腐病、轮纹病、疮痂病、炭疽病、霜霉病等，应注意防治。
3. 长出 8~10 片叶子，即可采摘成年叶柄，适当留小叶，保证下次收获。
4. 除留种外，应及时摘除花梗，以促进叶子的生长，此后 8~10 年均能采摘。

种植过程

播种 ► 浇水 ► 发芽 ► 疏苗 ► 移栽 ► 施肥 ► 收获 ► 追肥 ► 收获

播种

► 选择优质的食用大黄种子和小型的花盆（方便面桶大小即可），放入优质土，选择适宜的天气播种，种子埋入土中3～5毫米为宜，并定期（每1～2天）浇水。

养护

▲保持土壤湿润，约1周后就长出大黄幼苗。

▲大黄成株占空间很大，幼苗长大一些后应当移栽到大盆里，适当追肥。

▲叶片长大后容易招虫子，应注意防病虫害。

采收

◄叶柄长到筷子长手指粗细，就可以摘下做菜了。

美食链接 138页→

食用菊花 千叶玉玲珑

“菊能利五脉，调四肢，治头风热补。”

——《本草纲目》

食用菊花可做糕饼馅、熬粥、泡茶、配菜等。

类　　属 花类

种植难易 高☐　中✓　低☐

光照要求 喜光 ☼

水分要求 耐旱，忌积涝

适宜人群 平和质、阴虚质、痰湿质、湿热质

食疗病症 头痛眩晕、目赤肿痛、眼目昏花、热毒疮疡、高脂血症、心绞痛、冠心病、风热感冒、红肿热痛等

种 植 期 4 ~ 5 月可以移栽幼苗

收 获 期 秋季可采收新鲜菊花

连续收获 花可连续采收半个月左右

植物小百科

食用菊花（本书介绍的是杭白菊，古人对其有个美丽的称谓——千叶玉玲珑），多年生菊科草本植物，其花瓣呈舌状或筒状，茎色嫩绿或褐色，叶片卵圆至长圆形。喜凉爽、较耐寒，地下根茎耐旱，最忌积涝。杭白菊，冬苗、春叶、夏蕊、秋花，受日月之精华，四时之灵气，色、香、味、形俱佳。味辛、甘、苦，性微寒，含挥发油、胆碱、维生素、氨基酸、矿物质等成分。常饮菊花茶，能疏风清热，平肝明目，解毒消炎，瘦身美容，耐老延年。

种植日历

1月	2月	3月	4月	5月	6月	7月	8月	9月	10月	11月	12月
		移栽									
			施肥								
							收获				

种植准备

菊花幼苗、小型花盆、优质土、小石头、小铲子、喷壶、有机肥。

TIPS

1. 菊花植株的嫩茎很易受蚜虫侵害，如发现有蚜虫，应及时防治；菊花是喜光喜肥植物，应选择松软的土壤种植，土壤不可太过潮湿。
2. 菊花的叶子有一定的毒性，直接服用其叶可能会引起瘙痒、肿痛等症状。
3. 花季结束，地上植株枯死后，将植株齐地剪掉，根部培土筑5厘米高的土堆，次年春天浇水，使其发芽，逐步长出菊苗，即可移栽。

种植过程

移栽 ► 浇水 ► 幼苗 ► 施肥 ► 成株 ► 开花 ► 收获

播种

► 选择强壮的菊花幼苗移栽到小型漂亮的花盆（一般小碗大小）里，保持土壤湿润。

养护

▲ 2 ~ 3 天幼苗就能适应并变绿长出新叶片。

▲ 1 个月左右菊花苗迅速长大，此时少量追肥即可。

▲ 4 个月左右菊花就开始长花苞，这段时间应注意防病虫害。

采收

◄ 花儿开放 2 ~ 3 天内，采摘完全开放的，晒干或者直接食用。

美食链接 139 页→

鱼腥草 观音池金鱼下凡

“行水，攻坚，去瘴，解暑。疗蛇虫毒，治脚气，溃痈疽，去瘀血。”

——《医林纂要》

鱼腥草可炒、煮、凉拌，还可做辅料或泡菜。

类　　属 茎叶类、根茎类

种植难易 高☐　中✓　低☐

光照要求 怕强光

水分要求 喜水忌干旱

适宜人群 平和质、痰湿质、湿热质

食疗病症 咳喘、感冒、水肿、湿疹、痔疮、肺热咳嗽、流行性腮腺炎等

种 植 期 春、夏、秋季均可种植

收 获 期 种下约1个月即可采收

连续收获 茎叶可连续采收多次

植物小百科

鱼腥草，多年生草本植物，高 30 ~ 50 厘米，茎上部直立，下部匍匐；叶互生，卵形或阔卵形；花小，夏季开，种子卵形。花期 5 ~ 6 月，果期 10 ~ 11 月。喜温暖潮湿环境，忌干旱，耐寒，怕强光，肥沃的沙质壤土种植最好。叶有腥气，俗称鱼腥草。传说鱼腥草为观音菩萨所传，唐三藏西天取经之时，观音池中的金鱼下凡成精，后被观音菩萨以鱼篮收服，化为仙草普度众生。味辛，性微寒，清热解毒，利尿消肿。对肺炎、热痢、疟疾、水肿、淋病、白带、痈肿、痔疮、脱肛、湿疹、疥癣等有明显的辅助治疗功效。

种植日历

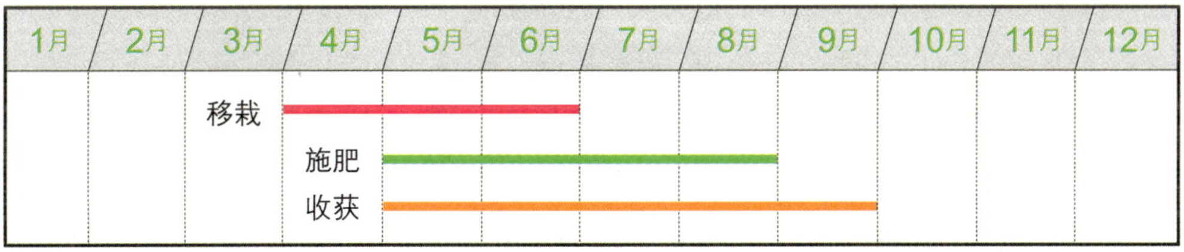

种植准备

鱼腥草根茎、小型花盆、优质土、小石头、小铲子、喷壶、有机肥。

TIPS

1. 鱼腥草可在长大时采收地上部分，也可在冒出苗时采收整个新生的根茎，尤其美味，采收后可留下老的根茎，会继续长出新的幼苗。
2. 鱼腥草抗病能力强，一般不易染病，但喜温暖潮湿环境，忌干旱，需及时浇水和防冻。
3. 产妇吃些鱼腥草，可以预防产后风，但体质虚寒的不宜长期食用，多食令人气喘。

种植过程

移栽 ➤ 浇水 ➤ 幼苗 ➤ 施肥 ➤ 成株 ➤ 收获 ➤ 追肥 ➤ 收获

播种

▶ 选择鱼腥草根茎（采挖或购买的）和小型花盆（方便面桶大小即可）移栽，定期（每1~2天）浇水。

养护

▲ 2 ~ 3天鱼腥草就能适应并成活。

▲ 2 ~ 3周，鱼腥草长得幼嫩，最宜食用，而不用施肥。

▲ 1个月左右鱼腥草的叶片就长到手掌大小，基本没有病虫害。

采收

◀ 嫩苗长到一定高度就可随时采收，也可采挖幼嫩根茎。

美食链接 140页→

养心菜

养心降压，功能美味

“性平，味甘、微酸，主安神补血，止血化瘀。”

——《浙江民间常用草药》

养心菜既可煲汤，也可凉拌，或炒食。

类　属	茎叶类	种植难易	高□　中□　低✓
光照要求	喜阳稍耐阴 ☼	水分要求	耐旱 ●

适宜人群 各体质人群均宜

食疗病症 跌打损伤、心悸、心烦、心脏病、中风、高血压、高脂血症、美容养颜等

种植期 3～4月播种或扦插最佳

收获期 扦插后2个月左右可采摘

连续收获 茎叶可以连续采收多次

植物小百科

养心菜，学名景天三七，多年生草本，高 30 ~ 80 厘米。茎直立，不分枝。单叶互生，叶片质厚，倒披针形。夏秋开金黄色小花，聚伞花序呈伞房状。花期 6 ~ 8 月，果期 7 ~ 9 月。喜阳，稍耐阴，耐旱，喜阳光及干燥通风处，忌水湿，对土壤性质要求不严，生命力很强。集观赏、药用、食用等多功能于一身，具有很高的实用价值。养心菜含丰富的蛋白质、粗纤维、多种维生素及钙、磷、铁等矿物质。对中老年人血管硬化、高脂血症、高血压等病症均有很好的缓解和治疗作用。可辅助治疗的病症有心脏病、中风、高血压、高脂血症、痨病、吐血、咳血、跌打损伤等。

种植日历

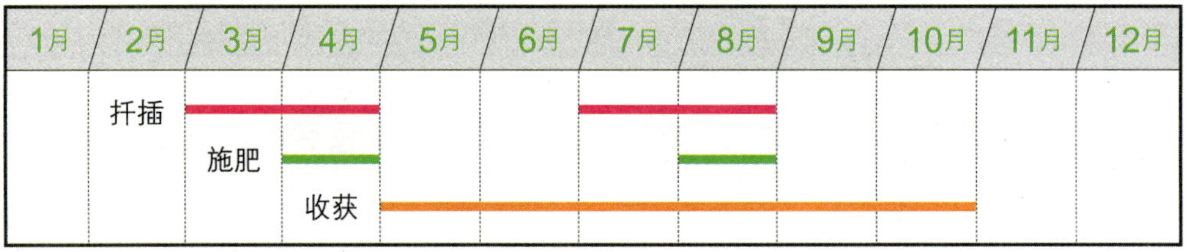

种植准备

养心菜枝条、小型花盆、优质土、小石头、小铲子、喷壶、有机肥。

TIPS

1. 如果生长环境很热，就会长花秆，及时处理花秆可以保持养心菜质量。
2. 养心菜由于表面有蜡质，在正常栽培条件下，病害极少，一般不需防治。虫害也极少，发现后用低残留杀虫剂防治。
3. 养心菜有镇静、降压、解毒、止血、增强免疫力、提高人体适应性、抗疲劳、抗衰老等功效，但不适合孕妇食用。

种植过程

扦插 ► 浇水 ► 生根 ► 分蘖 ► 追肥 ► 防虫 ► 收获 ► 追肥 ► 收获

播种

► 选择带有腋芽的养心菜枝条（购买或从养心菜上剪下）扦插，并及时浇水。

养护

▲ 保持土壤湿润，1 周左右扦插枝条可生根。

▲ 2 周后进入旺盛生长期，水肥充足很重要。

▲ 1 个月左右养心菜就会长满整个花盆，注意防治蚜虫。

采收

◄ 茎长到筷子长就可以剪下茎尖或采摘幼嫩叶片做菜。

美食链接 141 页→

叶用枸杞 叶果两食，明目降压

“坚筋耐老，除风，补益筋骨，能益人，去虚劳。”

——《食疗本草》

叶用枸杞可炒、炸，做汤，也可泡茶。

类　属	茎叶类	种植难易	高□　中✓　低□
光照要求	喜光照 ☼	水分要求	耐旱，怕水渍

适宜人群 平和质、阴虚质、痰湿质、湿热质

食疗病症 虚劳发热、烦渴、眼干眼痛、夜盲症、崩漏、热毒疮肿等

种植期 3 ~ 4 月可以移栽幼苗

收获期 成活后 1 ~ 2 个月即可采摘

连续收获 一次种植采收多年

植物小百科

叶用枸杞，灌木，叶片嫩绿长卵圆形；茎灰褐色；花淡蓝紫色；果实近球形，成熟后为黄红色；种子淡黄色，扁平。喜光照，耐旱，怕水渍，生长最适温为 15 ~ 25℃，不择土壤，而在石灰质土壤中生长最好。果实和嫩茎叶都可以食用，味甘，性平，嫩茎叶中含丰富的还原糖、蛋白质、锗等微量元素及东莨菪碱、β-谷甾醇等活性成分。对明目、降血压、防癌抗癌等有明显的辅助作用。

种植日历

1月	2月	3月	4月	5月	6月	7月	8月	9月	10月	11月	12月
	移栽										
		施肥									
			收获								

种植准备

枸杞幼苗、小型花盆、优质土、小石头、小铲子、喷壶、有机肥。

TIPS

1. 除购买种苗外，叶用枸杞还可采用扦插、分根和种子等繁殖方式。
2. 枸杞新梢长出，常生甲虫，咬坏新叶，严重影响叶用枸杞的生长，需要及时除去。
3. 枸杞耐阴、耐旱、但不耐涝，不宜浇水太过，以风干见湿为宜，以防烂根。
4. 采摘后留下适量小叶利于枸杞继续生长，夏季后不再采摘的植株，会开花结实，秋末即可收获枸杞果实。

种植过程

移栽 ► 浇水 ► 幼苗 ► 施肥 ► 成株 ► 收获 ► 追肥 ► 收获

播种

► 在老根旁采挖（或购买）带新芽的幼苗，选择漂亮的小型花盆移栽即可，既可以当保健蔬菜，又可以当景观盆栽。

养护

▲ 2 ~ 3 天幼苗就能适应并长出新叶片，生长良好。

▲ 半个月后生长旺盛，按花盆的大小施肥可以帮助枸杞生长。

▲ 1 个月后，新生的叶片已经长得翠绿鲜嫩，应注意防止蚜虫侵害叶片。

采收

◄ 茎长到高约 30 厘米，叶片茂盛鲜嫩，即可开始采摘嫩茎叶。

美食链接 142 页→

艾蒿 辟邪驱蚊总相宜

“味苦而辛，无毒，炙百病……止吐血下痢……利阴气，生肌肉……止伤血，杀蛔虫，止血……拓金疮，止腹痛，安胎，治癣。”

——《本草纲目》

艾蒿嫩叶可做成糕饼（艾糍）、做汤等。

类　　属 茎叶类

种植难易 高☐　中✓　低☐

光照要求 喜阳光 ☼

水分要求 耐旱，喜湿润

适宜人群 平和质、气虚质、阳虚质、气郁质

食疗病症 月经不调、经痛腹痛、流产、子宫出血，风湿性关节炎、头风、月内风、咳喘痰多等

种 植 期 种子繁殖一般 3 月播种

收 获 期 每年可以连续采收 4 ~ 5 茬

植物小百科

艾蒿，多年生草本植物。主根明显，侧根多，常有横卧地下根状茎及营养枝。茎有明显纵棱，叶厚纸质，上面被灰白色短柔毛。适应性强，以向阳、排水顺畅、湿润肥沃的土壤生长较好。富含膳食纤维、多种维生素、矿物质和挥发油类物质。苦燥辛散，能理气血、温经脉、逐寒湿、止冷痛，为妇科要药。可预防神经性衰弱和失眠；强身健体，延年益寿；预防和辅助治疗高血压、风湿性关节炎、腿脚麻木、糖尿病、感冒、脑血栓等疾病；并有美容、减肥、消除疲劳的辅助功效。

种植日历

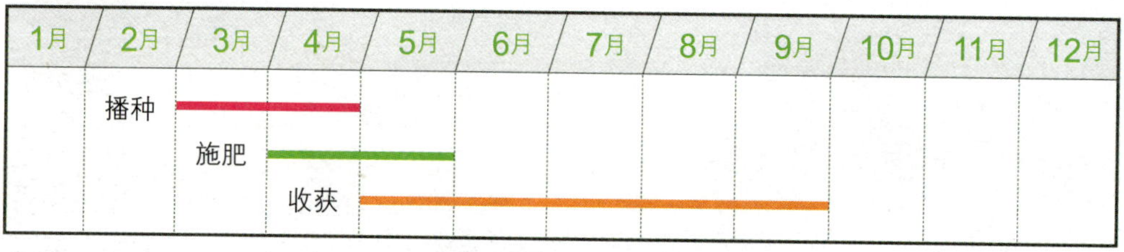

种植准备

艾蒿种子、小型花盆、优质土、小石头、小铲子、喷壶、有机肥。

TIPS

1. 艾蒿喜温暖湿润，需要保持光照条件，并适时浇水。每采收一茬后都要施一定的追肥，以利于后期生长。
2. 艾蒿不仅能治疗多种疾病，还具有异香，可以用作调香原料，枝叶熏烟能驱蚊蝇，具杀菌的功效，艾蒿晾干后泡水熏蒸或洗澡还可以消毒止痒。

种植过程

播种 ► 浇水 ► 发芽 ► 疏苗 ► 移栽 ► 施肥 ► 收获 ► 追肥 ► 收获

播种

► 选择饱满的种子和小型的花盆（方便面桶大小即可），一般在晴朗的下午培土播种，种子埋入土中3～5毫米为宜，保持土壤湿润。

养护

▲ 约1周后长出幼苗，保持土壤湿润并避免太阳暴晒。

▲ 2周后就可以疏苗移栽，少量或不施肥均可。

▲ 这是种在菜园里的艾蒿，长得很茂盛，很少病虫害。

采收

◄ 长到20厘米左右从茎第3～5片叶子的地方摘取嫩茎或叶片。

美食链接 143页→

黄芪 强体质抗衰老佳品

“味甘微温。主痈疽久败创，排脓止痛，大风，痢疾，五痔，鼠瘘，补虚，小儿百病。”

——《神农本草经》

黄芪可用于熬粥、炖肉，煮汤等。

类　　属 根类

种植难易 高 ✓　中 □　低 □

光照要求 喜光照 ☼

水分要求 耐旱，怕涝

适宜人群 平和质、气虚质、阳虚质、血瘀质、气郁质

食疗病症 易感疲劳、食少便溏、久泻、便血崩漏、内热消渴等

种 植 期 4 月初或 9 月初可播种

收 获 期 一般生长几年后在 9 月采收

连续收获 不可连续采收

植物小百科

黄芪，多年生高大草本植物，夏季开花，结荚果；根肥厚，木质。喜凉爽，耐寒耐旱，怕热怕涝，适宜在土层深厚、富含腐殖质、透水力强的沙壤土种植，喜肥，需多次追加复合肥、有机肥，7 月底前进行打顶，控制植株生长高度。一般第 3 年即可采挖。富含丰富的苷类、多糖类、黄酮类、氨基酸及微量元素成分，有增强机体免疫功能、保肝利尿、抗衰老、抗应激、降血压等作用。

种植日历

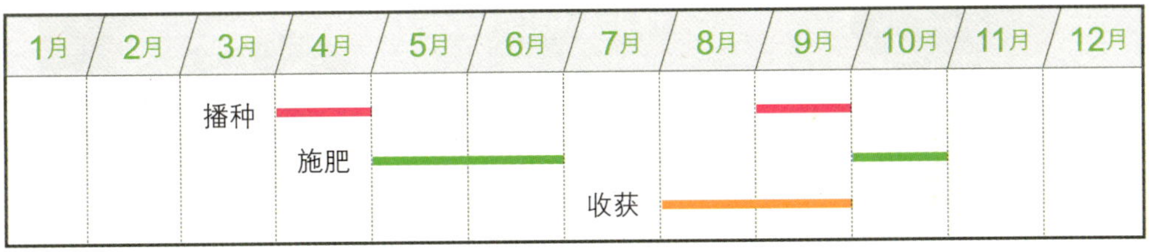

种植准备

黄芪种子、中大型花盆、优质土、小石头、小铲子、喷壶、有机肥。

TIPS

1. 为提高发芽率，可提前浸种，催芽 12 小时。
2. 黄芪易生白粉病、红根病，一旦发现须立即剔除病株。
3. 体型消瘦者，不宜大量使用黄芪，否则会导致腹胀和食欲减退。
4. 病虫害防治，应遵循有病治病、有虫杀虫、无者则防的原则，在秋末要做好越冬防寒保温工作，确保安全越冬。
5. 3~4 年后采挖，过早黄芪质量差，多年不收，易发生黑心或木质化。

种植过程

播种 ► 浇水 ► 发芽 ► 疏苗 ► 移栽 ► 施肥 ► 收获

播种

► 选择饱满的黄芪种子和小型的花盆（用于播种），在晴朗的天气播种，种子埋入土中 3 ~ 5 毫米为宜，定期（每 1 ~ 2 天）浇水。

养护

▲保持土壤湿润，5 ~ 7 天后长出幼苗。

▲黄芪匍匐生长，疏苗或移栽时，选择深度 50 厘米左右的花盆。

▲夏末秋初黄芪开始开花，地下根容易被虫蛀，应注意防治。

采收

◄选择生长 3 年左右的黄芪采挖，带泥挖出即可。

美食链接 144 页→

桔梗 朝鲜族传统特色菜肴

“味苦、辛，性微温，入肺经，能祛痰止咳，并有宣肺、排脓作用。”

——《神农本草经》

桔梗的根可以腌泡菜或蘸酱吃。

类　属	根、茎叶类
种植难易	高 □　中 ✓　低 □
光照要求	怕强光
水分要求	耐旱，怕积水
适宜人群	平和质、阴虚质、痰湿质、湿热质
食疗病症	咳嗽痰多、咽喉肿痛、肺痈吐脓、胸满胁痛、痢疾腹痛、口舌生疮、目赤肿痛、小便癃闭等
种植期	冬、春季可以种
收获期	夏季采收幼嫩茎叶，次年采根茎
连续收获	二年生，茎叶可连续采收

植物小百科

桔梗，多年生草本，高 40 ~ 90 厘米。植株光滑无毛。根肉质，圆锥形或有分叉，外皮黄褐色。茎直立，有分枝。叶片长卵形，边缘有锯齿。花单朵或多朵在茎顶开放，花色蓝紫或蓝白色。喜温和凉爽气候，苗期怕强光直晒，须遮阴，成株喜阳光怕积水。土壤水分过多或积水，根部易腐烂。抗干旱，耐严寒，怕风害。味苦、辛，性微温。其嫩茎叶和根均可供蔬食。有宣肺、祛痰、利咽、排脓、利五脏、补气血等诸多辅助功效。

种植日历

	1月	2月	3月	4月	5月	6月	7月	8月	9月	10月	11月	12月
播种			━	━				━	━			
施肥				━	━					━	━	
收获				━	━				━	━		

种植准备

桔梗种子、中型花盆、优质土、小石头、小铲子、喷壶、有机肥。

TIPS

1. 播种前将种子置于 30℃温水中浸泡，8 小时后捞出，用湿布片盖好，进行保温催芽，约 5 天后即可播种。
2. 桔梗怕积水，以排水性好的土质为宜，应及时松土。
3. 桔梗花期很长，开花消耗养分，又易萌发侧枝，适时摘除花蕾可提高桔梗产量。

种植过程

播种 ▶ 浇水 ▶ 发芽 ▶ 疏苗 ▶ 移栽 ▶ 松土 ▶ 收获 ▶ 松土 ▶ 收获

播种

▶选择饱满的桔梗种子和漂亮的花盆播种，种子埋入土中3～5毫米为宜，以后定期（每1～2天）浇水。

养护

▲约1周就能长出苗子，2～3周就能长到20～30厘米了。

▲移栽到花盆里，可当盆景，保持土壤湿润，一般不用施肥。

▲桔梗秋季开出蓝紫色花。

采收

◀地上部分枯萎后或者次年将根挖出做菜即可。

美食链接 145页→

藤三七 营养丰富的金不换

“微苦，温。入肝、肾经，补益肝肾、滋补、壮腰膝、消肿散痰。”

——《云南思茅中草药选》

藤三七嫩茎叶及珠芽可炒食、凉拌、做汤等。

类　　属 叶片、嫩梢、株芽和地下块茎类

种植难易 高 □　中 ✓　低 □

光照要求 耐阴

水分要求 耐旱，耐湿

适宜人群 平和质、气虚质、阳虚质、痰湿质、血瘀质

食疗病症 腰膝痹痛、病后体弱、跌打损伤、骨折等

种 植 期 冬、春季可以种

收 获 期 夏秋季采摘幼嫩茎叶

连续收获 茎叶可连续采摘

植物小百科

藤三七，俗称金不换，多年生蔓生植物。肉质叶片，心形或卵圆形；花细小白色，无果。喜湿润，耐旱，耐湿，对土壤的适应性较强，对光照要求较弱，耐阴，遮光率为45%左右时生长良好，病虫害少。含有丰富的维生素A和维生素C，味微苦，性温，具滋补、壮腰膝、消散痰、活血、健胃、保肝、促进骨骼生长等功效。

种植日历

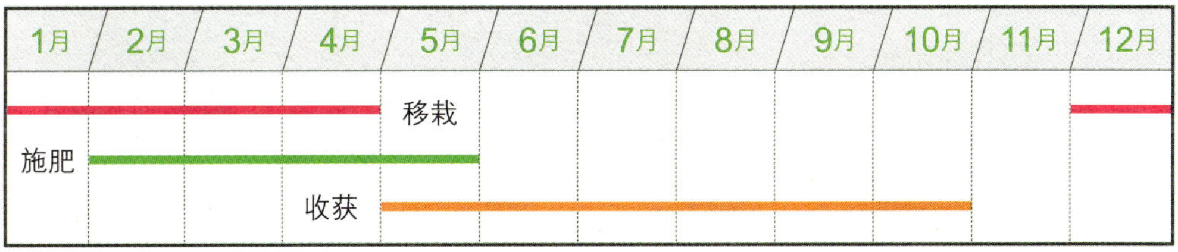

种植准备

藤三七幼苗、小型花盆、优质土、小石头、小铲子、喷壶、有机肥。

TIPS

1. 除播种外，藤三七还可进行茎蔓扦插繁殖和珠芽繁殖。
2. 夏季宜用遮阳网覆盖，并及时喷水增大土壤湿度，当苗高为30~40厘米时及时搭架使其攀援，同时进行修剪，促使侧芽快速萌发。
3. 藤三七的虫害主要有斜纹夜蛾、甜菜夜蛾、蚜虫等，藤三七的病害主要是蛇眼病，受害叶片出现病斑，可通过适当增加湿度、减少氮肥施用等措施防治。
4. 清晨采摘为好，适时采收能促进叶片增大、增厚，提高产量与品质。

种植过程

移栽 ► 定植 ► 浇水 ► 施肥 ► 搭架 ► 防虫 ► 收获 ► 追肥 ► 收获

播种

► 藤三七以移栽为主，通常在藤三七周围找到有幼苗，挖出移栽即可，以后定期（每 1 ~ 2 天）浇水。

养护

▲ 2 ~ 3 天幼苗就能适应并变绿，生长良好。

▲幼苗迅速生长并长出藤蔓，需给它找一个依附位置，适当施肥。

▲叶片长到手掌大小时，容易出现病虫害，应注重防治。

采收

◄叶片长大，摘取幼嫩大片的叶子做菜，清香爽口，风味独特。

美食链接 146 页→

土藿香 夏季祛暑解表妙方

"性微温，味辛，补卫气，益胃气，进饮食，又治吐逆霍乱。"

——《珍珠囊》

藿香可炸、作辅料熬粥、炖、泡茶等。

类　　属	茎叶类	**种植难易**	高□　中✓　低□
光照要求	喜阳光充足 ☼	**水分要求**	喜湿润，怕旱，怕积水

适宜人群　平和质、湿热质、气郁质

食疗病症　暑湿感冒、呕吐泄泻、胃寒疼痛、恶心作呕、发热头痛、胸闷等

种 植 期　春、夏、秋均可播种

收 获 期　播种 1 个月后即可开始采摘

连续收获　茎叶可连续采收

植物小百科

土藿香，多年生草本植物。茎直立，高 0.5 ~ 1.5 米，四棱形，叶纸质心状卵圆形，花萼管状倒圆锥形，花期 6 ~ 9 月，果期 9 ~ 11 月。喜温暖湿润、阳光充足环境。茎叶不耐寒，怕干燥和积水，对土壤要求不严，宜疏松肥沃和排水良好的沙壤土。含挥发油，性微温，味辛。有祛暑解表、化湿和胃之功效。可用于暑湿感冒、中暑、胸闷、腹痛吐泻。

种植日历

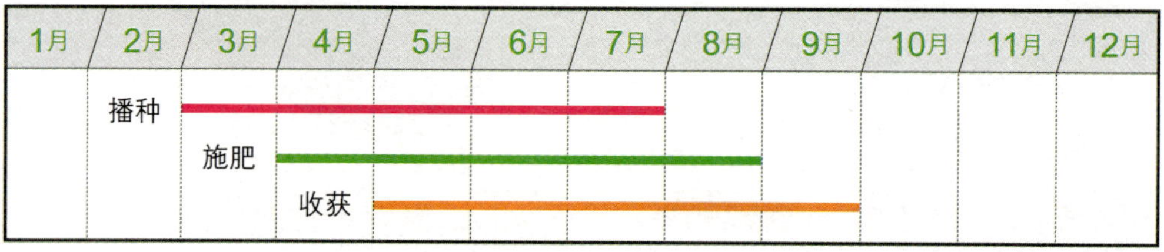

种植准备

藿香种子、小型花盆、优质土、小石头、小铲子、喷壶、有机肥。

TIPS

1. 土藿香不耐旱也不耐湿，应防止积水和干旱导致幼苗死亡。
2. 土藿香也会生蚜虫，病害有褐斑病、枯萎病和斑枯病，要及时摘除病叶或剔除病株。
3. 9 月底至 10 月中旬，花穗变为棕褐色时，即可采集种子。

种植过程

播种 ▶ 浇水 ▶ 发芽 ▶ 疏苗 ▶ 移栽 ▶ 施肥 ▶ 收获 ▶ 追肥 ▶ 收获

播种

▶选择饱满的种子和小型的花盆（方便面桶大小），通常在晴朗的下午播种，种子埋入土中3～5毫米为宜，以后定期（每1～2天）浇水。

养护

▲约1周后就能长出苗子，两周左右时，幼苗就可以长到5厘米了。

▲幼苗太密可以剔除或移栽，以后应少量施肥和翻土。

▲1个月左右土藿香就长到及膝高了，应注意防治蚜虫等病虫害。

采收

◀叶片长到有4～5对叶子时可以随时采摘叶子和茎尖，剩下的小叶会继续生长。生长后期会长出花簇。

美食链接 147页→

紫苏 全身是宝的紫舒

"紫苏嫩时有叶，和蔬茹之，或盐及梅卤作菹食甚香，夏月作熟汤饮之。"

——《本草纲目》

紫苏的嫩叶可炒食、做汤、炝拌、风味独特。

类　属	茎叶类	种植难易	高☐　中✓　低☐
光照要求	喜光照 ☼	水分要求	耐湿，不耐干旱

适宜人群 平和质、痰湿质、湿热质、气郁质

食疗病症 风寒感冒、恶寒发热、咳嗽、气喘、头痛，咳嗽，胸腹胀满，鱼蟹过敏等

种植期 一般 3 ~ 4 月播种

收获期 播下约 60 天后即可采收

连续收获 叶片可连续采收 2 个月左右

植物小百科

紫苏，一说华佗曾命名为“紫舒”（紫色，吃了很舒服），一年生草本植物，有特异芳香，茎四棱形，单叶对生；叶片宽卵形或圆卵形，两面紫色，或面青背紫，或两面绿色，花紫红色或粉红色至白色，种子近球形，棕褐色或灰白色。适应性很强，对土壤要求不严，喜温暖湿润的环境，较耐湿，不耐干旱。具很高的营养价值，富含低糖、膳食纤维、胡萝卜素、矿物质元素等成分。紫苏叶味辛，性温，具有开宣肺气、发表散寒、行气宽中的功效，是很好的健胃解暑食品；紫苏梗理气宽中，止痛安胎；苏子含丰富的不饱和脂肪酸，对心血管病患者大有裨益，具有下气、消痰、润肺、宽肠的功效。

种植日历

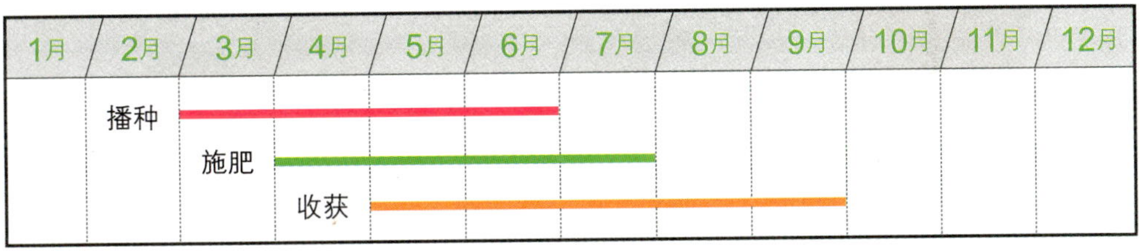

种植准备

紫苏种子、小型花盆、优质土、小石头、小铲子、喷壶、有机肥。

TIPS

1. 紫苏很少出现病虫害，但分枝力强，对所生分枝应及时摘除。
2. 留种时，应适当摘除部分茎尖和叶片，以减少茎叶的养分消耗并能增加通透性。
3. 在整个生长期，土壤应当保持湿润，并及时摘下成熟的叶片，有利于新叶片快速生长。
4. 紫苏的花也做蔬菜食用，可用于制作刺身和天妇罗，花萼可以作为茶渍饭的配料。

种植过程

播种 ► 浇水 ► 发芽 ► 疏苗 ► 移栽 ► 施肥 ► 收获 ► 追肥 ► 收获

播种

► 选择饱满的种子和普通花盆，一般在晴朗的天气播种，种子埋入土中 3 ~ 5 毫米为宜，以后定期（每 1 ~ 2 天）浇水。

养护

▲ 3 ~ 5 天后长出苗子，保持土壤湿润，幼苗会长得很茂盛。

▲ 紫苏苗太密可以剔除或移栽，一般不需要施肥。

▲ 2 个月后，紫苏叶片已经可以采下食用了。

采收

◄ 叶片长到手掌大小就可以摘下做菜了，也可采摘茎尖。

美食链接 148 页→

Part Ⅳ

常见蔬菜的栽培技术及保健功效

Cultivation and Healthy Effects of Common Vegetable

白萝卜

“归肺肝脾经，具有清肺火，利肝脏的功效。”

——《唐本草》

营养功效 味辛甘，性凉，含碳水化合物、蛋白质、钙、磷、铁、无机盐、维生素、芥子油、淀粉酶和粗纤维等成分，营养丰富，被《本草纲目》列为“蔬中最有利者”。下气消食，除痰润肺，解毒生津，和中止咳，利大小便。富含维生素 A、维生素 C，能防止皮肤的老化，预防黑色色斑的形成，保持皮肤的白嫩，还可有效抑制癌症及动脉硬化等；丰富的芥子油、淀粉酶和膳食纤维，可以促进肠胃的蠕动，增强食欲，消除便秘，改善皮肤粗糙、粉刺等情况，还有止咳、化痰、理气的功效。

适宜人群 平和质、阳虚质、痰湿质、湿热质、血瘀质、气郁质。

食疗病症 焦躁不安、肠胃不适、胀气、浮肿、高脂血症、便秘等。

种植养护 参照牛蒡种植养护方法。

种收时节 7 月下旬至 8 月上旬播种，10 月下旬至 11 月上旬收获。

温馨提示

1. 萝卜易发生畸形、裂根、黑心、糠心等情况，需控制浇水量，防高温，防止土壤板结。
2. 白萝卜宜生食，但食用后半小时内不宜进食，以防止其有效成分被稀释。
3. 白萝卜与胡萝卜最好不要同食，会影响维生素的吸收。

冬瓜

"能清热化痰，除烦止渴，利尿消肿。"

——《本草经集注》

营养功效

味甘淡，性微寒，含有丰富的蛋白质、碳水化合物、维生素以及矿质元素等很高的营养成分，还含有多糖类、氨基酸、葫芦巴碱、丙醇二酸等活性成分。瓜肉及瓤有利尿、清热、化痰、解渴等功效。亦可治疗水肿、痰喘、暑热、痔疮等症。冬瓜如带皮煮汤喝，可达到消肿利尿，清热解暑作用。

适宜人群 平和质、痰湿质、湿热质、血瘀质、气郁质。

食疗病症 心胸烦热、高血压、高血糖、肥胖等。

种植养护 参照黄瓜种植养护方法。

种收时节 3 ~ 4 月播种，3 ~ 4 个月结果。

温馨提示

1. 冬瓜种子发芽较慢，播种前可浸种催芽。
2. 冬瓜易发碳腐病、疫病等，一般不宜喷洒农药，除掉坏叶即可。
3. 腹泻、胃寒疼痛者忌食生冷冬瓜；女子月经期及寒性痛经者慎食生冬瓜。

番茄

"主生津止渴，健胃消食。"

——《陆川本草》

营养功效 味酸甘，性微寒，含丰富的碳水化合物，胡萝卜素，膳食纤维，多种维生素，钙、镁、铁、锰、锌等矿物质以及有机酸、腺嘌呤、胆碱、番茄碱等活性成分。清热止渴，养阴凉血、生津止渴。可用于治疗牙齿出血、口舌生疮、夜盲症等。早晨空腹生食，降血压效果明显，还具有防癌抗癌功效。

适宜人群 平和质、阴虚质、痰湿质、湿热质、血瘀质、气郁质。

食疗病症 高血压、高血糖、口腔溃疡、夜盲症等。

种植养护 参照黄秋葵种植养护方法。

种收时节 5～8月播种，约3个月结果。

温馨提示

1. 番茄喜温，维持适当温度不仅能促进根系发育，还能促进果实发育，防止霉变病。
2. 发现枝叶旁长出侧芽时及时摘除，促进花朵与果实生长。
3. 番茄在阳台种植时，传粉昆虫多无法自由出入，需人工辅助授粉。
4. 吃番茄可以补充番茄红素，可抵抗衰老，增强免疫力，减少疾病发生。

黄瓜

“入肺、胃、大肠经，解痉，癖热毒，清烦渴。”

——《滇南本草》

营养功效

味甘，性凉，含丰富的糖苷类物质、多种游离氨基酸、维生素、矿物质、挥发油、葫芦素、绿原酸、黄瓜酶等物质。具有除热、利水利尿、清热解毒等功效，主治烦渴、咽喉肿痛、火眼、烫伤等，是美容养颜的首选。生吃黄瓜可以美容养颜，也可以用作减肥的食材。同时具有抗肿瘤、抗衰老、健脑安神、防治酒精中毒、降低血糖等多种功效。

适宜人群 平和质、阴虚质、痰湿质、湿热质、血瘀质、气郁质。

食疗病症 高血糖、身热烦渴、咽喉肿痛、风热眼疾等。

种植养护 播种后 2 ~ 3 天即可发芽，待株高 10 厘米时，需搭架供其攀爬。

种收时节 春、夏、秋季均可种，约 2 个月结果。

温馨提示

1. 黄瓜也会出现黑霉病和白粉病，需要及时防治。
2. 黄瓜在阳台种植时，传粉昆虫多无法自由出入，需人工辅助授粉。
3. 适当遮光有利于雌花的分化。
4. 黄瓜不宜与辣椒、菠菜、番茄、花椰菜、小白菜、柑橘、花生等同食。
5. 采收以皮色从暗绿变为鲜绿有光泽，花瓣未脱落时为佳。

黄花菜

“煮食，治小便赤涩，身体烦热，除酒疸。”

——《大明本草》

营养功效

味甘，性凉，富含花粉、糖、蛋白质、维生素C、钙、脂肪、胡萝卜素、氨基酸等营养成分，有止血、消炎、清热、利湿、消食、明目、安神等功效，对吐血、大便带血、小便不通、失眠、乳汁不下等有疗效，可作为病后或产后的调补品。磷的含量高于其他蔬菜，维生素A的含量比胡萝卜还多2倍，蛋白质、糖类、钙、铁和硫胺素的含量名列蔬菜前茅。有较好的健脑、抗衰老功效，对注意力不集中、记忆力减退、脑动脉阻塞等症状有特殊疗效；能显著降低血清胆固醇的含量；丰富的粗纤维能促进大便的排泄。

适宜人群 各种体质均宜。

食疗病症 大便带血、小便不通、失眠、乳汁不下等病症。

种植养护 参照菊花种植养护方法。

种收时节 春季播种或移栽，夏秋季收获。

温馨提示

1. 黄花菜耐旱，对土壤要求不严，对光照适应范围广，适合各种阳台。
2. 黄花菜可以多年生长，秋冬季地上部分枯萎，第二年早春可以萌发新苗。
3. 黄花菜主要病虫害有锈病、叶枯病、叶斑病、红蜘蛛和蚜虫等，建议选择抗病能力强的种苗，并合理施肥，增强植株抗病性。
4. 采摘的鲜黄花中含有大量秋水仙碱，不宜直接食用。

芥蓝

"入肺经，解毒利咽，顺气化痰，平喘。"

——《中华本草》

营养功效

味甘辛，性凉，含有蛋白质、脂肪、膳食纤维、碳水化合物、胡萝卜素、维生素C、维生素E及多种矿质元素，还含有金鸡纳霜等有机碱类活性成分。具利水化痰、解毒祛风、除邪热、解劳乏、清心明目等功效。能起到消暑降热、防止便秘、降低胆固醇、软化血管、预防心脏病等作用，特别适合食欲不振、便秘、高胆固醇患者食用。

适宜人群 平和质、阴虚质、湿热质。

食疗病症 中暑、便秘、高脂血症等。

种植养护 参照土藿香种植养护方法。

种收时节 春夏季均可播种，2个月左右即可采收。

温馨提示

1. 芥蓝多见黑腐病，高温、高湿易发生，发现病苗、病叶及时拔除。
2. 进入菜苔形成和采收时期，要增加浇水次数，经常保持土壤湿润。
3. 花苔与叶片齐平，花蕾未开时采收最佳。

苦瓜

“具消暑清热，解毒、健胃、聪耳明目、润泽肌肤等功效。”

——《滇南本草》

营养功效 味苦，性寒，含蛋白质、脂肪、膳食纤维、碳水化合物、胡萝卜素、视黄醇、硫胺素、核黄素、尼克酸、维生素C、维生素E、钾、钠、钙、镁、铁、锰、锌、铜、磷、硒等营养成分及苦瓜苷、苦味素等活性成分。清凉解渴，清热解毒，清心明目，益气解乏，益肾利尿。具有降火消肿、降低血糖、降脂减肥、美容养颜、预防心脑血管疾病、提高机体免疫能力、防癌抗癌等功效。

适宜人群 平和质、阴虚质、痰湿质、湿热质、血瘀质。

食疗病症 高血压、发热、中暑、痢疾、目赤疼痛、恶疮等。

种植养护 参照黄瓜种植养护方法

种收时节 3～4月种，3～4个月后结果。

温馨提示

1. 苦瓜易生白粉病、穿孔病和常见的虫害，应加强管理，避免病害加重。
2. 侧蔓分枝能力强，需要进行摘除。
3. 苦瓜是雌雄同株，需要进行人工授粉。

莲藕

“热渴，散留血，生肌，久服令人心欢。”

——《名医别录》

营养功效

味甘，性凉，富含蛋白质、B族维生素、维生素C及多种矿物质，肉质肥嫩，口感甜脆。主补中焦，养神，益气力。生吃鲜藕能清热解烦，解渴止呕，将鲜藕榨汁，其功效更好；煮熟的藕性味甘温，主补五脏，有滋阴养血、健脾开胃，止渴生津的功效。还能促进新陈代谢、利尿通便，帮助排泄体内的废物，防止皮肤粗糙。莲藕含铁量较高，含糖量不高，含有大量的维生素C和膳食纤维，对于肝病、便秘、糖尿病等虚弱的人十分有益，瘀血、吐血、衄血、尿血、便血的人以及产妇适合食用。

适宜人群 各种体质均宜。

食疗病症 食欲不振，肝病、便秘、糖尿病等病症。

种植养护 采用带芽的藕节插入淤泥盆中即可繁殖。

种收时节 初春或秋后埋种苗，夏秋季收获。

温馨提示

1. 莲藕适宜生长在湖泊塘池，清明后抽茎长叶，六七月开花，八九月即可采挖，花谢后莲房内长出的莲子也可以食用。采挖季节南北差异较大。
2. 莲藕与花生两大食物原料相结合，味道鲜美、营养丰富、长期食用有清热祛痘、滋润皮肤、保持脸部光泽、益血生肌的功效。

芦笋

“归肺、胃经，有清热解毒，生津利水的功效。”

——《食鉴本草》

营养功效

味甘，性寒，富含多种氨基酸、蛋白质和维生素，其含量均高于一般水果和蔬菜，享有“蔬菜之王”的美称，此外还含有菝葜皂苷、石刁柏苷等甾体皂苷，β-谷甾醇、天门酰胺、松柏苷、白屈莱酸、黄酮类、香豆素类、挥发油等活性成分。特别是芦笋中的天冬酰胺和微量元素硒、钼、铬、锰等，具有调节机体代谢、提高身体免疫力的功效，对高血压、心脏病、白血病、血癌、水肿、膀胱炎等有良好的预防和治疗作用。经常食用对心脏病、高血压、心率过速、疲劳症、水肿、膀胱炎、排尿困难等病症有一定的疗效。同时芦笋对心血管病、血管硬化、肾炎、胆结石、肝功能障碍和肥胖均有益。

适宜人群 除阴虚质外，各种体质均宜。

食疗病症 高脂血症、高血压、疲劳症、水肿、心血管病、肾炎、肥胖等。

种植养护 参照鱼腥草种植养护方法。

种收时节 4 月下旬至 5 月上旬播种，一般一年后采摘。

温馨提示

1. 芦笋易生蝼蛄和锈病、枯病，应注意选择抗病品种，并加强管理。
2. 合理施肥，特别要注意追施磷、钾肥。
3. 芦笋是多年生宿根作物，种植后不挖出地下根，可连续多年收获。

荠菜

"味甘、淡，性微寒，主消肿解毒，治疮疖，赤眼。"

——《陆川本草》

营养功效

味甘淡，性微寒，含丰富的维生素C和胡萝卜素、钙、磷、铁等多种矿物质及黄酮苷、胆碱、乙酰胆碱等多种活性物质。有和脾、利尿、解热、止血、明目的功效。痢疾、水肿、目赤肿痛等病症患者宜食，高脂血症、高血压、冠心病、肥胖症、糖尿病、肠癌及痔疮等病症患者也宜食。

适宜人群 平和质、阴虚质、痰湿质、湿热质、血瘀质。

食疗病症 水肿、肝热目昏、眼睛红肿、头晕头痛等。

种植养护 参照蒲公英种植养护方法。

种收时节 春秋季播种，约1个月收获。

温馨提示

1. 荠菜的种子非常细小，整个播种过程都必须小心谨慎。
2. 荠菜主要病虫害是霜霉病、病毒病和蚜虫，夏秋高温潮湿时易发生。
3. 选择大株采收，带根挖出，留中小苗继续生长。
4. 便溏、体质虚弱的不宜食用。

茄子

“入脾、胃、大肠经，具清热止血，消肿解毒功效。”

——《滇南本草》

营养功效 味甘，性凉，富含蛋白质、脂肪、碳水化合物、维生素以及多种矿物质，特别是维生素P的含量极其丰富，还含有大量皂苷类活性成分，具有清热止血，消肿止痛的功效。用于口舌生疮、痔疮、便血、冻疮等。具良好的降血脂、降血压作用，含丰富的维生素P，可防治心血管疾病，丰富的维生素E，可抗衰老，常吃茄子对慢性胃炎、肾炎水肿等疾病都有一定的治疗作用。

适宜人群 平和质、阴虚质、痰湿质、湿热质、血瘀质、气郁质 。

食疗病症 高血压、高血糖、痔疮、胃炎、心脑血管疾病等。

种植养护 参照黄秋葵种植养护方法。

种收时节 5月初前后播种，约2个月即可采摘。

温馨提示

1. 茄子病虫害主要为灰疫病、白粉病，及时摘除病叶，同时须避免高温、高湿的环境。
2. 开始结果时，应当及时除去老叶和侧面叶芽，促进果实生长。
3. 果实颜色变成深紫色、有光泽时，就可以采摘了。

芹菜

“入肝、胆、心包经，主清热除烦，平肝，利水消肿，凉血止血。”

——《卫生通讯》

营养功效

性凉，味甘辛，富含蛋白质、碳水化合物、胡萝卜素、B族维生素、维生素C和维生素P，钙、磷、铁、钠等矿物质以及芹菜苷、佛手苷内酯和挥发油等活性成分。平肝清热，祛风利湿，除烦消肿，凉血止血，解毒宣肺，清肠利便。具有降血压、降血脂、防治动脉粥样硬化的作用，对神经衰弱、月经失调、痛风、肌肉痉挛也有一定的辅助食疗作用；还能促进胃液分泌，增加食欲，促进排便。

适宜人群 平和质、阴虚质、痰湿质、湿热质、血瘀质、气郁质。

食疗病症 高血压、高血糖、头痛头晕、水肿、失眠、肝火过旺、皮肤干燥等。

种植养护 参照马兰种植养护方法。

种收时节 6～7月播种，约4个月收获。

温馨提示

1. 发芽最适温度为15～20℃，过高或过低都难以发芽，可事先保温催苗。
2. 一般冷湿条件易发生斑点病。
3. 应在花秆长出之前收获，不然口感会变差，营养价值会降低。

生菜

“有清热爽神、清肝利胆、养胃的功效。”

——《中国植物志》

营养功效 味甘，性凉，为强碱性食物，含有丰富的维生素C和膳食纤维，钙、铁、铜等多种矿物质。清肝利胆，滋阴补肾，减肥健美，对目赤肿痛、肺热咳嗽、消渴、脾虚腹胀等也有一定的食疗作用。丰富的维生素C，有助于增强免疫力、抵抗力；大量的矿物质，是骨骼发育的主要物质基础，还可促进血色素的合成，刺激红细胞发育，防止贫血；丰富的膳食纤维，可以改善便秘；碱性食物具有调整体液酸碱平衡的作用。

适宜人群 平和质、阴虚质、痰湿质、湿热质、血瘀质。

食疗病症 眼睛干涩、昏花，预防癌症。

种植养护 参照蒲公英种植养护方法。

种收时节 春秋季播种，2个月后可收。

温馨提示

1. 生菜种子小，发芽出苗应注意保温、保湿。
2. 生菜易遭叶蝇、蚜虫等侵害，平时应注意预防。
3. 炒、煮生菜，时间不宜太长；生吃生菜有利于女性保持苗条的身材。

莴笋

“入肠、胃经，主利五脏，通经脉，清胃热，清热利尿。”

——《滇南本草》

营养功效

味甘，性凉，含有碳水化合物、蛋白质、脂肪、大量膳食纤维、叶酸、维生素A、维生素B_1、维生素B_2、维生素B_6、维生素E、维生素K、钾、磷、钙、钠、镁、铁、锰、锌、铜、磷、硒等成分。利五脏，通经脉，清胃热，清热利尿。富含多种维生素和矿物质，具有调节神经系统功能的作用，对缺铁性贫血患者十分有益；钾含量大大高于钠含量，有利于体内的水电解质平衡，促进排尿和乳汁的分泌，对高血压、水肿、心脏病患者有一定的食疗作用。

适宜人群 平和质、阴虚质、痰湿质、湿热质、血瘀质、气郁质。

食疗病症 高血压、高脂血症、心脏病等。

种植养护 参照鱼腥草种植养护方法。

种收时节 春秋季可种，约3个月可收。

温馨提示

1. 莴笋易长花秆，营养价值会降低，口感变差，故需及时采收。
2. 易生软腐病和霜霉病，需保持土壤湿润。
3. 莴笋不宜与乳酪、石榴同食，另外眼疾特别是夜盲症者也应慎食。

油麦菜

"通乳汁，利小便，杀虫，蛇毒。"

——《本草纲目》

营养功效

味甘，性寒、凉，富含维生素A、维生素B_1、维生素B_2和大量钙、铁、蛋白质、脂肪等营养成分，主要特点是矿物质丰富，钙、铁、锌、硒的含量均高于生菜和莴笋。油麦菜是一种低热量、高营养的蔬菜，想要减肥的人可以多吃些油麦菜；含有的甘露醇，能够促进血液循环和利尿；含有的莴苣素，味道微苦，具有镇痛催眠、清燥润肺、化痰止咳、降低胆固醇和辅助治疗神经衰弱的功效。

适宜人群 平和质、阴虚质、痰湿质、湿热质、血瘀质、气郁质。

食疗病症 神经衰弱、失眠、消化不良、便秘、肥胖症等病症。

种植养护 参照蒲公英种植养护方法。

种收时节 全年可播种，约2个月可收获。

温馨提示

1. 油麦菜抗病性、适应性强。四季可播种，北方冬季宜在室内种植，夏季气温过高或冬季气温过低不易发芽，需在播种前催芽。
2. 约15片叶时即可开始采摘，将充分长大、厚实而脆嫩的绿色叶片用手掰下即可。
3. 油麦菜的吃法与生菜相同，可清炒或做汤，烹饪时间宜短。
4. 睡眠不好的人，可以把油麦菜榨成蔬菜汁来饮用，对于失眠有一定的辅助疗效。

百合

“主治邪气腹胀，心痛，利大、小便，补中益气。”
——《神农本草经》

营养功效

味甘，性平，除含有蛋白质、脂肪、钙、磷、铁、维生素等营养物质外，还含有秋水仙碱等多种生物碱类成分。清肺润燥止咳，清心安神定惊，为肺燥咳嗽、虚烦不安所常用。具有养心安神、润肺止咳、美容养颜、防癌抗癌等功效，不仅具有良好的营养滋补功效，而且对于病后虚症、结核病、神经症等患者大有裨益。

适宜人群 除阳虚质不宜外，其余体质均可。

食疗病症 贫血、体虚、咽喉肿痛、心烦失眠、慢性咳嗽、肺结核等。

种植养护 鳞茎繁殖，栽重深度一般为鳞茎直径的 3 ~ 4 倍。

种收时节 9 月播种，次年 7 月中旬至 8 月初采收。

温馨提示

1. 百合可采用播种、小鳞茎、鳞片扦插、珠芽等多种方法繁殖。
2. 百合是多年生植物，当年秋天采挖最好。
3. 百合易生立枯病、花叶病、斑点病、烂根病、叶枯病等，需要及时防治。
4. 百合特别适合养肺、养胃的人食用，但胃寒的患者少用。

菠菜

“入肠、胃经，能通血脉，开胸膈，下气调中，止渴润燥。”

——《本草纲目》

营养功效 味甘辛，性凉，营养价值丰富，含锌、叶酸、氨基酸、叶黄素、胡萝卜素、类胡萝卜素、菠菜甾醇、胆甾醇、甾醇酯、菠叶素等多种营养成分，维生素A、维生素C及铁含量为所有蔬菜之冠。滋阴平肝，止咳润肠。对于胃肠障碍、便秘、痛风、皮肤病、贫血及多种神经疾病，有特殊食疗效果。常食菠菜，具有通便清热、理气补血、防病抗衰等功效，对贫血症和糖尿病、肺结核、高血压、风火赤眼等诸多疾病可起辅助治疗作用。

适宜人群 平和质、阴虚质、痰湿质、湿热质、血瘀质、气郁质。

食疗病症 贫血、糖尿病、高血压、头痛、便秘等。

种植养护 参照蒲公英种植养护方法。

种收时节 四季可种，30 ~ 50天后采收。

温馨提示

1. 菠菜爱长蚜虫，在初期就要注意防治。
2. 夏、秋季播种应提前浸种催苗，利于菠菜生长。
3. 菠菜富含纤维，可通肠导便，但结实者不宜多食，易加重病情。

甘蓝

"补骨髓，利五脏六腑，利关节，通经络，中结气，明耳目，益心力，壮筋骨。"

——《本草纲目》

营养功效

性平，味甘，富含维生素C、维生素B_6、叶酸和钾。日本科学家认为，甘蓝的维生素C含量高于其他很多蔬菜，有很好的防衰老、抗氧化作用，能防止皮肤色素沉着，减少青年人雀斑，延缓老年斑出现，对皮肤美容有一定的功效。在抗癌蔬菜中，甘蓝排在第五位。甘蓝也是糖尿病和肥胖患者的理想食物。甘蓝含有丰富的维生素A、钙和磷，有利于儿童生长发育和老年人骨骼健壮，对促进血液循环也有好处。

适宜人群 各种体质均宜。

食疗病症 睡眠不佳、多梦易睡、耳目不聪、关节屈伸不利、胃脘疼痛等病症。

种植养护 参照蒲公英种植养护方法。

种收时节 3月下旬至5月下旬均可播种，100 ~ 120天即可收获。

温馨提示

1. 常撒种育苗后移栽，平均气温在6℃以上时即可移栽。
2. 生吃的食疗保健效果最佳，可以凉拌、做沙拉或榨汁。
3. 夏季易发生黑腐病，这时要尽量减少浇水，避免高温、高湿。
4. 蚜虫、菜青虫发生较多，应注意及时防治。
5. 甘蓝与花椰菜为同类植物，种植注意事项可互为参照。

胡萝卜

“入肺，脾经，甘补辛润，能宽中下气，使肠胃之邪与之俱去也。”

——《本草求真》

营养功效 味甘，性平，含有丰富的类胡萝卜素、花青素、挥发油、可溶性糖、淀粉、纤维素、多种维生素以及多种矿物质元素，素有“小人参”之称。有健脾和胃、补肝明目、清热解毒、壮阳补肾、透疹、降气止咳等功效。可促进生长发育，维持正常视觉，防治夜盲症、干眼症、上呼吸道疾病，又能保证上皮组织细胞的健康，防治多种类型上皮肿瘤的发生和发展，还可以清除血液及肠道的自由基，达到排毒、降糖、调脂、防癌、防治心血管疾病的功效。

适宜人群 各种体质均宜。

食疗病症 高血压、眼睛干涩、昏花、消化不良、肠胃不适、胀气等。

种植养护 参照牛蒡种植养护方法。

种收时节 8 月下旬至翌年 3 月均可播种，种植约 3 个月即可采收。

温馨提示

1. 胡萝卜易出现裂根病，适时浇水可防止。
2. 胡萝卜油炒或者加油凉拌，有利于胡萝卜素的吸收。
3. 生吃有利于通便和减少胆固醇吸收，但是不利于吸收营养。

花椰菜

“入胃、肾经，主清利湿热，散结止痛，益肾补虚。”

——《中华本草》

营养功效

味甘，性平，营养比一般蔬菜丰富，含有蛋白质、脂肪、碳水化合物、食物纤维、维生素 A、B 族维生素、维生素 C、维生素 E、维生素 P、维生素 U 和钙、磷、铁等矿物质，以及多种吲哚衍生物、黄酮类、硫化物等活性成分。质地细嫩，味甘鲜美，且较易消化吸收。可补肾填精、健脑壮骨、补脾和胃，有助于防癌抗癌、降低心脑血管疾病、保护肝脏、预防感冒、美白养颜、化痰清肺、提高免疫力。

适宜人群 各种体质均宜。

食疗病症 高脂血症、易感疲劳、消化不良等。

种植养护 种植时需要育苗、选苗、移栽等过程，较为复杂。

种收时节 6 ~ 7 月播种，约 4 个月收获。

温馨提示

1. 气温过低时，一般需浸种催芽。
2. 花椰菜易生黑腐病和蚜虫等，应选用抗病毒品种，并及时除去病虫害叶。
3. 花椰菜和西蓝花同为甘蓝的变种，功效相似；适宜于中老年人、小孩和脾胃虚弱、消化功能不强者食用。

茼蒿

"安心气，养脾胃，消痰饮。"

——《备急千金要方》

营养功效 味甘辛，性平，营养十分丰富，含有蛋白质、脂肪、膳食纤维、碳水化合物、胡萝卜素、核黄素、尼克酸、维生素、钙、镁、铁、锰、锌等营养成分及天门冬素等活性成分。胡萝卜素的含量比菠菜高，并含丰富的钙、铁，又被称为铁钙的补充剂。含丰富的维生素、胡萝卜素及多种氨基酸，可以养心安神，润肺补肝，稳定情绪，防止记忆力减退；含粗纤维类成分，有助于促进肠道蠕动；含多种矿物质元素，能调节体内水液代谢，通利小便，消除水肿；含挥发油和胆碱类类成分，有助于宽中理气，消痰开郁，避秽化浊，消食开胃，增加食欲，还有一定的降血压和补脑作用。

适宜人群 各种体质均宜。

食疗病症 心悸、失眠多梦、心烦不安、痰多咳嗽、腹泻、胃胀等。

种植养护 参照艾蒿种植养护方法。

种收时节 四季均可种，2 个月后可收。

温馨提示

1. 常见病虫害有立枯病、叶斑病、菜螟、蚜虫等，注意防治。
2. 如果生长环境温度较高，它就会长花秆，一旦长出花秆就要及时把它剪掉。
3. 采收时应把它的顶端剪掉，让它往两侧生长，一段时间后可以继续收获。

西蓝花

"入胃、肾经，主清利湿热，散结止痛，益肾补虚。"

——《中华本草》

营养功效 味甘，性平，营养丰富，含蛋白质、糖、脂肪、维生素和胡萝卜素、矿物质等，蛋白质含量是花椰菜的3倍、番茄的4倍，矿物质成分比其他蔬菜更全面，钙、磷、铁、钾、锌、锰等含量都很丰富，被誉为"蔬菜皇冠"。补肾填精，健脑壮骨，补脾和胃，主治久病体虚、肢体痿软、耳鸣健忘、脾胃虚弱、小儿发育迟缓等病症。具有良好的防癌抗癌的功效，尤其是在防治胃癌、乳腺癌方面效果尤佳；含有丰富的维生素，能增强肝脏的解毒能力，提高机体免疫力；含有的类黄酮物质，则对高血压、心脏病有调节和预防的功用；大量的纤维素，能有效降低肠胃对葡萄糖的吸收，进而降低血糖，有效控制糖尿病的病情。

适宜人群 各种体质均宜。

食疗病症 高血糖、消化不良、肠胃不适、胀气、咽喉干痒痛等。

种植养护 参照花椰菜种植养护方法。

种收时节 一般1～3月播种，4～6月收获；或7～8月播种，10～11月收获。

温馨提示

1. 西蓝花易生黑腐病和蚜虫等，应选用抗病毒品种，并及时防治。
2. 气温过低时，一般需浸种催芽，利于培育壮苗。
3. 西蓝花性质和甘蓝相似，易消化吸收，适宜中老年人小孩和消化功能不强者食用。

香椿

“主诸风，头眩，肿痛，目欲脱，泪出；皮肤死肌，恶风湿痹。久服利血气，轻身耐老，延年。”

——《神农本草经》

营养功效 味苦，性平，蛋白质、钙质、维生素 C 含量均列蔬菜中的前茅，磷、胡萝卜素、铁和 B 族维生素等营养物质含量也十分丰富。有补虚壮阳固精、补肾养发生发、消炎止血止痛、行气理血健胃等作用。含维生素 E 和性激素物质，具抗衰老和补阳滋阴功效，对不孕不育症有一定辅助疗效；富含挥发性物质，可健脾开胃，增加食欲；对肠炎、痢疾、泌尿系统感染有一定辅助治疗作用。

适宜人群 除阴虚质不宜外，其余均可。

食疗病症 肺热咳嗽、肠炎、痢疾、脱发、目赤等。

种植养护 参照枸杞种植养护方法。

种收时节 一般在清明前发芽，谷雨前后就可采摘顶芽，此为头茬椿芽，不仅肥嫩且香味浓郁质量上乘，隔 15 ~ 20 天，可采摘第二茬。

温馨提示

1. 香椿抗病性较好，但为了使生长快，要多注意肥水和病虫害防治。
2. 第一次采收顶芽，以后每 15~20 天可采一次。
3. 香椿是发物，过多食用可能导致旧疾复发，故慢性疾病患者应少食或不食。

紫甘蓝

“入胃、肾经，主清利湿热，散结止痛，益肾补虚。”

——《中华本草》

营养功效

味甘，性平，营养丰富，B族维生素、维生素C、维生素E、胡萝卜素、花青素、纤维素、硫元素等含量尤其丰富。具有良好的强身健体、抗衰老、增强免疫力的功效；富含硫元素，对皮肤健康十分有益；对降血脂、防治咽喉炎等都大有裨益。

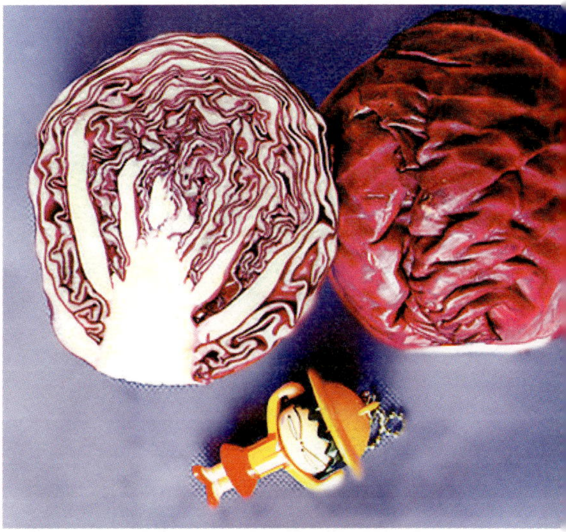

适宜人群 各种体质均宜。

食疗病症 高血糖、咽喉疼痛、胀气、嗜睡、消化不良等。

种植养护 参照蒲公英种植养护方法。

种收时节 春季栽培一般1月底温室育苗，3月底定植；秋季栽培一般6月初遮阳育苗，7月中旬定植；一般4～5个月即可采收。

温馨提示

1. 紫甘蓝春季播种夜间需注意保温。
2. 结球期易生软腐病和菜青虫，需要注意排水，及时防治。
3. 紫甘蓝既可生食，也可炒食，但为了保持营养，以生食为好。

白菜

“利肠胃，除胸烦，解酒渴，利大小便，和中止嗽。”

——《本草拾遗》

营养功效　味甘，性温，含维生素C、维生素E，钼、钾、钠、钙、镁、铁、锰、锌、铜、磷、硒、碘等矿物质，有“百菜之王”的美誉。通利肠胃，除胸烦，解酒毒。富含粗纤维，可帮助消化，促进大便排泄；富含维生素C，可增强身体的抗病能力；富含锌，可促进幼儿生长发育、提高成人性功能，还可抗癌、抗心血管病、抗糖尿病及抗衰老；富含铜和锰，可提高中枢神经活动机能，促进人体造血功能。

适宜人群　平和质、痰湿质、湿热质、血瘀质、气郁质。

食疗病症　便秘、咽喉发炎、腹胀、高血压、高血糖等。

种植养护　参照长叶车前种植养护方法。

种收时节　四季可种，约2个月可收获。

温馨提示

1. 白菜根浅，吸收能力较弱，生长期间应不断供给肥水。
2. 白菜应注意霜霉病、黑斑病、软腐病的防治，后期尤其要重视黑腐病的防治。
3. 叶片颜色开始变淡，中间抱团时最适宜采收。

葱

“入肺、胃二经，主发汗解表，散寒通阳，解毒散凝。”

——《本草拾遗》

营养功效

性温，味辛平，含丰富的纤维素、半纤维素、果胶，多种维生素、矿物质，胡萝卜素，视黄醇等物质。一般人群均可食用，脑力劳动者更宜。吃葱有助长寿，还可治疗失眠。伤风感冒、发热无汗、头痛鼻塞、咳嗽痰多者宜食；腹部受寒引起的腹痛腹泻者宜食；胃寒之食欲不振，胃口不开者宜食；孕妇宜食；头皮多屑而痒者宜食。葱还有降血脂、降血压、降血糖的作用，如果与蘑菇同食可以起到促进血液循环的作用。

适宜人群 平和质、气虚质、阳虚质、痰湿质、血瘀质、气郁质。

食疗病症 伤风感冒、关节炎、风湿等。

种植养护 参照蒲公英种植养护方法。

种收时节 全年可播种，2 ~ 3 个月后收。

温馨提示

1. 幼苗期应保持光照和较高的土壤湿度。
2. 常见病害有霉病、腐病和锈病，虫害有葱蛆，发现及时除去病株。
3. 患有胃肠道溃疡病的人、多汗的人应慎食，过多食用葱还会损伤视力。

茴香

“善主一切诸气，为温中散寒、立行诸气之要品。”

——《唐本草》

营养功效 味辛，性温，富含矿物质、胡萝卜素、维生素 B_1、维生素 B_2、维生素 C、挥发油、纤维素。具有特殊的香辛气味，可行气、散寒、止痛。具有行气止痛、健胃散寒的功效。主治胃寒痛、小腹冷痛、痛经、腹胁痛、疝痛、睾丸鞘膜积液、血吸虫病等。含有大量膳食纤维，可帮助消化，促进新陈代谢。茴香油有抗菌作用，还能刺激胃肠神经血管，促进唾液和胃液分泌，具有增进食欲、帮助消化的作用。

适宜人群 平和质、气虚质、阳虚质、痰湿质、血瘀质、气郁质。

食疗病症 脾胃虚寒、胃寒腹痛、呕吐、胃胀气、肠绞痛、痛经等病症。

种植养护 参照蒲公英种植养护方法。

种收时节 春秋均可，播种 45 ~ 60 天后即可收获。

温馨提示

1. 茴香在温和气候条件下生长良好，有较好的耐寒、耐热力，对土壤条件要求不严格，生长期较短，气候比较温和稳定的地区，可以四季分批次播种。
2. 对茴香气味过敏者需小心食用。阴虚火旺、上火胃热内热的人不能食用。
3. 用茴香茎叶制成烟丝，不含尼古丁成分，焦油含量低，对人体危害小，燃烧性类似烟叶且香味浓郁，有望成为新型香烟替代品。

姜

"入胃、肾经，主清利湿热，散结止痛，益肾补虚。"

——《中华本草》

营养功效

味辛，性温，除含有蛋白质、维生素、矿物质等常规营养物质外，还含有大量辛辣和芳香成分，主要为姜油萜、水茴香、樟脑萜、姜酚、桉叶油精、姜辣素等。温中散寒，回阳通脉，降逆止呕，除湿消痞，止咳祛痰。具有很强的抗氧化和清除自由基作用，能抗衰老，清除老人斑；可刺激唾液、胃液和消化液的分泌，增加胃肠蠕动，增进食欲；可提神、醒脑、防暑、降温，对神经衰弱、头晕、烦躁等症具有良好疗效；具有防止恶心、止呕吐的作用，对慢性肠胃炎有一定疗效。

适宜人群 平和质、气虚质、阳虚质、痰湿质、气郁质。

食疗病症 感冒头痛、食欲减退、恶心及晕车呕吐、恶风发热、痛风、慢性肠炎、麻疹等。

种植养护 参照百合种植养护方法。

种收时节 5 月可播种，秋冬季可收获。

温馨提示

1. 生姜病害主要有腐败病，高温多雨季节易发病。
2. 吃姜并非多多益善，夏季天气炎热，不宜多吃。肝病患者不能多吃。阴虚体质的人，绝对不能吃姜。
3. 采挖姜时，可选择肥厚、色浅黄、有光泽、无病虫伤疤的作种姜。

韭菜

“具健胃、提神、止汗固涩、补肾助阳等功效。”

——《本草纲目》

营养功效

味辛，微酸，性温，主要营养成分有维生素C、维生素B_1、维生素B_2、尼克酸、胡萝卜素、碳水化合物、矿物质、纤维素及挥发油和硫化物等。具健胃、提神、止汗固涩、补肾助阳、固精等功效。含有的维生素类成分，不仅能美容护肤、明目、润肺，还能预防患伤风感冒、寒喘等疾病；含有的挥发油类成分，具有增进食欲的作用；硫化物类成分有一定杀菌消炎的作用；此外，韭菜还可以增加人体脾胃之气，强化肝功能，是防春困的良蔬。

适宜人群 平和质、气虚质、阳虚质、血瘀质、气郁质。

食疗病症 高血压、高脂血症、易感疲劳、消化不良、肠胃不适、胀气、浮肿等。

种植养护 参照蒲公英种植养护方法。

种收时节 春秋播种，3～4个月后采收。

温馨提示

1. 韭菜种子不易发芽，需提前浸种2~3天。
2. 苗期易生蚜虫和锈病，需及时除掉病叶，以免传染。
3. 收割时，地上部分留出1厘米左右，以利于长出新苗，方便下次收获。
4. 消化不良或肠胃功能较弱的人吃韭菜容易烧心，不宜多吃。

辣椒

“能驱寒、止痢、杀虫、增强食欲、促进消化。”
——《全国中草药汇编》

营养功效

味辛，性热，含有丰富的维生素C、维生素E、胡萝卜素、叶酸、镁及钾等成分，维生素C的含量在蔬菜中居首位，此外，还含有辣椒素、辣椒红素等活性成分。能温中健胃，散寒燥湿，发汗。有健胃、助消化、预防胆结石、改善心脏功能、降血糖、美容、降脂减肥、防感冒、抗辐射、改善血液循环、暖胃驱寒等多种功效，用于脾胃虚寒、食欲不振、腹部有冷感、泻下稀水、寒湿郁滞、少食苔腻、身体困倦、肢体酸痛、感冒风寒、恶寒无汗等。

适宜人群 平和质、气虚质、阳虚质、血瘀质、气郁质。

食疗病症 高血糖、高血压、高脂血症、腹泻、呕吐等。

种植养护 参照黄秋葵种植养护方法。

种收时节 春季播种，夏秋季即可采收。

温馨提示

1. 辣椒易生青枯病、白粉病等，需及时摘除病叶，防止传染。
2. 经常采摘，可收获更多果实。
3. 肠胃功能不佳者应慎食辣椒，产妇，甲亢、肾病者也需慎用。

南瓜

“润肺益气，化痰排脓，驱虫解毒，治咳止喘，疗肺痈便秘，并利尿、美容。”
——《滇南本草》

营养功效

味甘，性温，含有淀粉、蛋白质、胡萝卜素、维生素 B、维生素 C 和钙、磷、钴等成分，还含有多种氨基酸、多糖类、活性蛋白、葫芦巴碱等，营养丰富。可健脾、预防胃炎、防治夜盲症、护肝、防癌、促进生长发育等作用。南瓜中钴的含量在各类蔬菜中居首位，能活跃人体的新陈代谢，促进造血功能，对防治糖尿病、降低血糖有特殊的疗效。

适宜人群 各种体质均宜。

食疗病症 消化不良、高血压、糖尿病等。

种植养护 参照黄瓜种植养护方法。

种收时节 4 ~ 5 月播种，3 ~ 4 个月采摘。

温馨提示

1. 为了促进种子发芽，播种前需浸种催芽。
2. 南瓜易生蔓枯病和白粉病，需要及时摘掉受损叶片，防止病害蔓延。
3. 南瓜开花期应当进行人工辅助授粉。

四季豆

“理中益气，补肾健胃，和五脏，调营卫，生精髓。”

——《本草纲目》

营养功效

味甘、淡，性微温，富含蛋白质和多种氨基酸，有调和脏腑、安养精神、益气健脾、消暑化湿和利水消肿的功效。含有的皂甘、尿毒酶和多种球蛋白等独特成分，能提高人体自身的免疫力，促进肌肤的新陈代谢和排毒，令肌肤常葆青春；富含蛋白质和多种氨基酸，常食可健脾胃，增进食欲；皂苷类物质能降低脂肪吸收功能，促进脂肪代谢；膳食纤维还可加快食物通过肠道的时间。

适宜人群 各种体质均宜。

食疗病症 皮肤瘙痒、急性肠胃炎、食欲不振、吐泻、便溏等病症。

种植养护 参照黄瓜种植养护方法。

种收时节 常 2 ~ 4 月播种，6 ~ 7 月收获。

温馨提示

1. 四季豆为喜温蔬菜，不耐高温，忌霜冻，光照要充足，喜湿润，不耐涝，属于蔓生蔬菜，需要搭架。
2. 一般人群均可食用。妇女多白带者、皮肤瘙痒、急性肠炎者更适合食用，同时适宜癌症、急性肠胃炎、食欲不振者食用，不适宜腹胀者。
3. 四季豆一定要烹饪熟，否则食用后容易中毒。

西葫芦

“清热利尿、除烦止渴、润肺止咳、消肿散结。”

——《唐本草》

营养功效 味甘，性温，含有丰富的维生素C、葡萄糖等其他营养物质，尤其是钙的含量极高，还含有瓜氨酸、腺嘌呤、天门冬氨酸等物质。具有清热利尿、除烦止渴、润肺止咳、消肿散结的功能。西葫芦富含水分，有润泽肌肤的作用，能改善皮肤的颜色，补充肌肤的养分。还可调节人体代谢，具有减肥、增强免疫力、抗病毒、抗癌防癌的功效。

适宜人群 平和质、阴虚质、痰湿质、湿热质。

食疗病症 高血压、高血糖、面色暗黄、肥胖、肝病、肾病等。

种植养护 参照黄瓜种植养护方法。

种收时节 春秋季播种，约2个月结果。

温馨提示

1. 开花较少时，可人工授粉，结果时期需及时加入水肥。
2. 西葫芦喜湿润，易发生病毒病和白粉病、灰霉病、绵腐病等。
3. 西葫芦不宜生吃，脾胃虚寒者应少吃。

香菜

"辛温香窜，内通心脾，外达四肢。"

——《本草纲目》

营养功效

性温，味甘，营养丰富，含维生素B_1、维生素B_2、维生素C、胡萝卜素，钙、铁、磷、镁等多种矿物质，挥发油含甘露糖醇、正葵醛、壬醛、芳樟醇、香豆素类、香柑内酯、欧前胡内酯、伞形花内酯、花椒毒酚、东莨菪素等，此外，尚含有槲皮素苷、异槲皮苷、芸香苷、苹果酸钾等活性成分。能健胃消食，发汗透疹，利尿通便，祛风解毒。可用于辅助治疗麻疹不出、伤风感冒、胃寒胃痛、呕吐、痔疮、高血压、食欲不振、呃逆等常见疾病。

适宜人群 平和质、气虚质、阳虚质、痰湿质、血瘀质、气郁质。

食疗病症 高血压、肠胃不适、胀气、消化不良等。

种植养护 参照蒲公英养护方法。

种收时节 春秋季可种，约1个月即可采收。

温馨提示

1. 有刺激性气味而少虫害，非常适合生食和做菜用。
2. 生食香菜可以帮助改善代谢，有利于减肥美容，适宜大部分人群。
3. 患龋齿、胃溃疡、生疮者少吃香菜，麻疹已透者不宜食用。

洋葱

“冬即叶枯，食用。”

——《唐本草》

营养功效 性温，味辛甘，含咖啡酸、芥子酸、桂皮酸、柠檬酸盐、多糖和多种氨基酸、蛋白质、钙、铁、磷、硒、B 族维生素、维生素 C、维生素 E、粗纤维、碳水化合物等。有祛痰、利尿、健胃润肠、解毒杀虫等功能。所含前列腺素 A，具有明显降压作用和一定降血糖功效；所含栎皮黄素是目前所知最有效的天然抗癌物质之一；可控制癌细胞的生长，从而防癌抗癌；所含蛋白质及无机盐、维生素等成分，能较好调节神经，增长记忆，并有较强的刺激食欲、帮助消化、促进吸收等功能。

适宜人群 平和质、气虚质、阳虚质、痰湿质、血瘀质、气郁质。

食疗病症 高血压、高脂血症、动脉硬化等心血管疾病、糖尿病、癌症等。

种植养护 参照百合种植养护方法。

种收时节 北方常 9 月中旬播种，次年 5 ~ 6 月收获。

温馨提示

1. 洋葱对温度和光照都比较敏感，秋播对播种期的选择十分重要，第二年 5~6 月洋葱叶片由下而上逐渐开始变黄，茎叶开始枯萎时收获。
2. 洋葱一次不宜食用过多，凡有皮肤瘙痒性疾病、患有眼疾以及胃病、肺胃发炎者少吃，热病患者应慎食。
3. 洋葱所含香辣味对眼睛有刺激作用，患有眼疾、眼部充血时，不宜切洋葱。

Part V

保健蔬菜饕餮美食

Delicious Dishes of Healthy Vegetable

玫瑰香薄荷

主料 鲜薄荷叶。

调料 面粉、盐、椒盐、玫瑰花干粉末、色拉油。

功效 清新怡神，疏风散热，解毒败火，增进食欲，帮助消化。可防治伤风鼻塞、打喷嚏、流鼻涕等症。

制作方法

鲜薄荷叶摘洗干净，面粉加水调成糊，与薄荷叶拌匀，入四成热油锅炸熟出锅，装盘，椒盐拌入玫瑰花粉一起食用。

薄荷的其他做法

薄荷鸡丝 鸡胸脯肉150克，切成细丝，加蛋清、淀粉、精盐拌匀待用。薄荷梗150克洗净，切成等长的段。锅中油烧至五成热，将拌好的鸡丝倒入过一下油。另起锅，加底油，下葱姜末，加料酒、薄荷梗、鸡丝、盐、味精略炒，淋上花椒油即可。

鲜薄荷鲫鱼汤 活鲫鱼1条，剖洗干净，用水煮熟，加葱白1根，生姜1片，鲜薄荷20克，水沸即可放调味品和油盐，汤肉一起吃。

薄荷茶 用薄荷叶泡茶喝，泡法同普通茶叶一样，饮用有清凉感，是清热利尿的良药。

决明咖啡粥

主料 大米、决明子。

调料 冰糖。

功效 清肝、明目、通便等。

制作方法

先将决明子用清水洗净，用砂锅放入凉水开小火煮决明子10分钟，大米洗净放入砂锅把水加够，开锅后改小火煮40分钟，加冰糖即可。

决明子的其他做法

山楂决明子茶 山楂 15 克，荷叶 15 克，决明子 10 克，水煎饮其汁液。

杞菊决明子茶 枸杞子 10 克，菊花 10 克，决明子 20 克，同时用沸水冲泡，闷 15 分钟即可饮用。清肝泻火，养阴明目，降压降脂。

菊花决明子粥 菊花 10 克，决明子 10 ~ 15 克，粳米 50 克，冰糖适量。先把决明子炒至微有香气，取出，待冷后与菊花煎汁，去渣取汁，放入粳米煮粥，粥将熟时，加入冰糖，煮沸食用。适用于高血压、高血脂患者及习惯性便秘人群，大便泄泻者忌服。

金银蛋浸长叶车前

主料 细叶车前、鸡蛋白、松花蛋。

调料 鸡汤、盐、白糖、炸蒜片、草菇。

功效 有利尿、利水退肿、祛痰止咳、清热明目等功效。

制作方法

车前摘洗干净切段，用开水焯熟，鸡汤下锅，鸡蛋白、松花蛋切丁，草菇切片，放入锅内加调料烧开，放车前浸入味，出锅装盘。

细叶车前的其他做法

车前叶粥 先将车前叶拾去杂质，用清水洗净，用刀切碎。把车前叶同葱白放入锅内，注入适量清水，武火煮沸，去渣留汁。将粳米淘洗干净后，放入煮汁的锅内，注入清水适量，煮粥。

车前发菜汤 先把车前草去杂质，清水洗净，取刀切成段，用纱布包扎；发菜用温水浸发，清水洗净；将发菜与车前草同放入锅内，加清水适量，煎煮 30~60 分钟；把锅盖掀开，取出车前草纱布包，加入冰糖适量，煮至冰糖融化后即成。

车前茶 将车前草清洗干净，晾干。把车前草捣汁约 100 毫升，调入蜂蜜，即可。

杏仁穿心莲

主料 穿心莲、杏仁。

调料 盐、味精、蒜片、糖、醋、酱油。

功效 清热解毒、去火消炎等。

制作方法

穿心莲摘洗干净，加入杏仁和调料拌匀即可。

穿心莲的其他做法

凉拌穿心莲 穿心莲洗净，用淡盐水浸泡 15 分钟左右，再用清水冲洗控干水备用；将蒜末剁成碎末，干辣椒掰成小段；锅内倒少许油，放入蒜末、花椒粒、干辣椒用中小火加热，直至蒜末成黄色，花椒变色，倒在碗内，捞出花椒粒，放入 1 小勺白糖、一点鸡精、2 小勺米醋、一点生抽、适量盐搅拌均匀；倒在穿心莲上，搅拌均匀即可。

姜丝穿心莲 穿心莲洗净，放入锅内焯熟捞出，沥干水分；姜洗净去皮，切成细丝泡入凉白开水中；控干的穿心莲切成小段；姜丝捞出，放入香油、花椒油碗中浸泡，加入盐、鸡精、醋调味；将浸泡过的姜丝捞出放在穿心莲上，淋上剩余的姜汁，撒上白芝麻即可。姜丝的温热可缓解穿心莲的寒凉之性。

黄秋葵炒牛肉

主料 黄秋葵、牛肉、圣女果。

调料 秘制黑胡椒汁、色拉油。

功效 助消化，可治疗胃炎、胃溃疡，并可保护肝脏。

制作方法

黄秋葵洗净切片，用四成热油炸一下，再用开水焯熟，牛肉腌制后划油，用黑胡椒汁炒匀，加入黄秋葵翻炒出锅装盘。

黄秋葵的其他做法

凉拌 轻轻切除果蒂，置于沸水中 2 ~ 3 分钟，捞出，凉水速冲，切成细丝，加入各种佐料调制。

炒食 去蒂后放入沸水中 30 秒左右，捞出控水，切成厚 1 厘米的片备用。取瘦猪肉切片，放油锅中爆炒，随即加入黄秋葵片，旺火速炒，加入调料，起锅装盘即可。

油炸 取面粉适量，加鸡蛋 1 个，水调至糊状，调料适当。将去蒂后的黄秋葵粘裹面糊，下油锅炸至乳黄色起锅装盘，蘸调料即可食用。

汤食 鲜花、嫩荚可与鲜肉、蛋做即食汤，干花与根可分别制作老火例汤。

凉拌马齿苋

主料 马齿苋。

调料 盐、味精、糖、蒜片、橄榄油。

功效 清热利湿、解毒消肿、消炎、止渴、利尿等。

制作方法

马齿苋摘洗干净，用开水焯后过凉水，控干水分，加调料拌匀装盘。

马齿苋的其他做法

土茯苓马齿苋粥 取新鲜土茯苓 50 克、马齿苋 50 克，洗净，加适量清水，熬煮 30 分钟，取出药渣，再加入少量米，继续熬成粥，加油盐调味，分 2~3 次食用。

马齿苋包子 将马齿苋用温水泡发，去杂洗净切碎，将油豆腐切碎；二者同放入盆中，加精盐、味精、油、拌匀成馅；将面粉放入泡好酵头的盆内和成面团，放温暖处发酵，将发酵的面团兑上碱水中和酸味，揉匀搓成长条，揪成小面团，擀成包子面皮，包馅成包子，上笼蒸熟即成。

马齿苋拌豆芽 将马齿苋去老叶，洗净；黄豆芽洗净；分别将马齿苋、黄豆芽入沸水中焯一下，捞出控干水分，将醋、酱油、味精、香油调成味汁；将马齿苋与黄豆芽混合均匀，浇味汁即成。可健脾利湿、护肤丽颜。

香干马兰

主料 鲜马兰叶、香干。

调料 盐、味精、橄榄油。

功效 清热止血，有抗菌、消炎作用，适用于吐血鼻衄、急性肝炎、咽喉炎、扁桃体炎、腮腺炎和乳腺炎等化脓性炎症。

制作方法 马兰叶摘洗干净，用开水焯后过凉水，挤干水分，切成细末，香干切细末，和马兰叶一起加调料拌匀装盘。

马兰的其他做法

马兰炒蘑菇竹笋 马兰洗干净灼熟浸凉，捞出挤干切碎，蘑菇洗干净，切厚片。竹笋剥去外壳，洗净锅倒入油，待油温升至四成热，倒入竹笋块过油，8 秒左右，放入蘑菇片滑油，6 秒左右一起倒出，全部食材沥干油。待水沸时将竹笋块、蘑菇片焯水，约 5 秒倒出。炒锅烧热加水，放入竹笋块、蘑菇片拌匀，加盐、蘑菇精调味拌匀，煮一会儿。放入马兰末拌匀，勾一点点薄芡。

马兰窝窝头 马兰和笋焯水，切碎，将窝窝头入锅蒸软；将锅烧热，倒油，稍微多点油，因为笋和马兰都是很吸油的蔬菜；油冒烟后倒入肉末翻炒，加一点料酒去腥，然后倒入笋丁同炒，翻炒几下后倒入马兰翻炒，炒个半分钟即可撒盐和鸡精，炒匀关火出锅，将炒好的料用勺子兜到窝窝头里，趁热食用。

怪味牛蒡丝

主料 鲜牛蒡根茎。

调料 盐、味精、糖、醋、酱油、辣椒油、橄榄油。

功效 补肾益气、强身健体、调解内分泌、补阴虚等。

制作方法 牛蒡洗净，去外皮切成细丝，加调味料拌匀即可。

牛蒡的其他做法

健康五行汤 牛蒡 300 克，白萝卜 100 克，胡萝卜 100 克，萝卜叶 100 克，香菇 1 枚。牛蒡切成 2 毫米厚的薄片，其他蔬菜连皮切成大块加水 1500 克，大火煮沸后慢火熬 10~15 分钟即可。

牛蒡鲤鱼汤 牛蒡去皮切片，加入鲤鱼与海带，炖开即可，亦可加枸杞。可改善小腿肿胀、青春期胸胀痛、通乳安胎、化痰止咳、降压、健脾益气，可预防动脉硬化、碘缺乏症、脚气病。

芝麻肉丝炒牛蒡 牛蒡切细丝，蒜苗切段，猪里脊切丝，红椒切丝，葱姜切末；猪里脊丝用盐、胡椒粉、酒、水淀粉腌渍；油 1 大匙烧热，放入肉丝滑熟捞出；锅留底油，煸香葱姜，放入牛蒡丝炒，加入蒜苗、红椒丝，最后加上肉丝，一起拌炒，加入盐、糖、料酒调味，撒上熟白芝麻即成。

蒲公英蘸酱

主料 蒲公英。

调料 石桥大酱。

功效 清热解毒、利尿消肿，能增强抗病防病能力、润泽皮肤、乌发、壮筋骨等。

制作方法

将蒲公英摘洗干净，蘸石桥大酱食用。

蒲公英的其他做法

蒲公英粳米粥 将蒲公英去杂洗净，入沸水锅焯一下，捞出切碎；粳米淘洗干净，油锅烧热，下葱花煸香，加入蒲公英、精盐炒至入味，出锅待用；锅内加水适量，放入粳米煮至成粥，倒入蒲公英煮一段时间即成。

蒲公英绿豆汤 将蒲公英去杂洗净，放汤锅内，加入适量水煎煮，煎好后取滤液，弃去渣，将滤液再放入汤锅内，加入绿豆，煮至熟烂，加入白糖拌匀即成。

蒲公英炒肉丝 将蒲公英鲜叶或花茎去杂洗净，入沸水锅焯一下，捞出，沥水，切段；猪肉洗净切丝；将料酒、精盐、味精、酱油、葱、姜同时放入碗中拌匀勾成芡汁；油锅烧热，下肉丝煸炒，加入芡汁炒至肉熟时，放入蒲公英鲜叶或花茎炒至入味即成。

木耳炒沙参

主料 水发木耳、鲜沙参。

调料 盐、味精、糖、色拉油。

功效 有清热养阴、润肺止咳的功效。

制作方法

鲜沙参洗净切成片，和木耳一起入锅，加调料炒熟装盘即可。

沙参的其他做法

煎沙参 干沙参需要提前泡水，变软之后用刀背拍松软以便调料入味，之后加入辣椒酱、盐和白糖等稍微腌上一会，之后就在刷了油的烤盘上煎熟。

烤沙参 沙参剥皮后用刀切一半后，用刀或棒子拍细，香油和酱油各放两小勺做调味酱；收拾好的沙参上涂抹调料酱后，用锅或烤炉煎烤；辣椒酱 2 大勺，辣椒面 2 小勺，葱花 1 大勺，蒜末、白糖、香油、芝麻盐、糖稀各 2 小勺，做成调料酱后，再涂抹于沙参上，再烤；最后在上面均匀洒一些芝麻。

蓝莓大黄

主料 食用大黄。

调料 面粉、蓝莓酱、色拉油、盐。

功效 排毒养颜、止血凉血、减肥、通便等。

制作方法 将大黄洗净切成条状，向面粉里放少许盐，用水调成糊，把切好的大黄挂糊入四成热的油锅炸成出锅，摆盘，淋上蓝莓汁即可。

食用大黄的其他做法

大黄果酱 大黄叶柄洗净，弃去两端部分，剩余叶柄切成5~10厘米的段，入锅蒸软，起锅，将大黄叶柄捣碎，拌入蔗糖，即可作为果酱食用，也可作为糕点馅料，用于制作派饼、蜜饯等。

大黄酒 大黄叶柄除直接用来制作果酱供食用外，还可用来酿酒、制作饮料，特殊的苦香味别有一番滋味。

香椿苗拌菊花

主料 香椿苗、食用菊花。

调料 盐、味精、橄榄油。

功效 清心、除烦、悦目、去燥、清肝、疏风清热、平降肝阳，有助于外感发热，或温病初起发热、头痛，或肝经风热、头晕目眩、目赤肿痛等。

制作方法

香椿苗去根洗净，菊花先用盐水泡10分钟，洗净控干水分，摘花瓣，和香椿苗一起加入调料拌匀，装盘。

菊花的其他做法

菊花羹 将菊花与银耳（或莲子）煮或蒸熟后，加入少许冰糖，可祛烦热，利五脏，治头晕目眩等症。

菊花糕 把菊花拌在米浆里，蒸制成米糕，或用绿豆粉与菊花制糕，有清凉祛火的食疗功效。

菊花茶 用菊花泡茶，气味芳香，可消暑、生津、祛风、润喉、养目、解酒。

菊花酒 由菊花加糯米、酒曲酿制而成，古称“长寿酒”，有养肝、明目、健脑、延缓衰老等功效。

菊花肉片 用菊花与猪肉或牛肉合炒，或与鱼肉、鸡肉合煮而成的“菊花肉片”，清心爽口，可用于辅助治疗头晕目眩、热伤风等病症。

凉拌鱼腥草

主料 鱼腥草嫩叶。

调料 蒜蓉、辣酱、橄榄油。

功效 清热解毒，排脓消痈，利尿通淋。

制作方法 鱼腥草摘洗干净，加调料拌匀即可。

鱼腥草的其他做法

鱼腥草除嫩叶可食用外，嫩根茎也可供食用，又称折耳根、蕺菜，做法如下。

鱼腥草炒肉丝 猪肉切成细长条，加盐、鸡精、料酒、淀粉抓匀，腌制 30 分钟。鱼腥草嫩根洗净，摘成段，开水焯烫一遍。油加热后加入肉丝划散，炒至变色，加入鱼腥草，加点料酒、盐、鸡精，翻炒两三分钟，加少许青蒜炒匀出锅。

凤衣蕺菜 将鸡皮去掉汗斑、细毛、油筋，清洗干净，入沸水中氽熟捞出，放入冷水中晾冷，修改整齐，将蕺菜放入其中，裹成卷形，改刀成 5 厘米长的条形待用。将辣椒油等调成麻辣汁，将鸡皮卷整齐地摆入盘中，淋上麻辣汁，撒上葱花即可。

丝娃娃 面粉加水、少许盐揉匀；平底锅烧热刷植物油后擦干，然后把擀好的直径约为 9 厘米的圆薄面皮放入锅中，待面皮熟后，立即把圆形面皮揭起；这样制作数十张春卷皮，放入蒸笼稍蒸一下使其回软，便于包食；再将绿豆芽、海带丝、芹菜节、鱼腥草根段用开水焯过，分别装入小盘中；小碗内放入酱油、醋、味精、香油、姜末、葱花、辣椒粉对成辣椒汁；春卷皮中放入绿豆芽、海带丝、芹菜节、鱼腥草根段包成上大下小的兜形，浇淋辣椒汁即可。

鸡汤养心菜

主料 养心菜。

调料 鸡汤、南瓜汁、盐、白糖。

功效 养心、宁心、平肝、清热、活血，有助于防治高血压和心脏病等。

制作方法

将养心菜摘洗干净，鸡汤加入南瓜汁、盐、白糖，入锅中烧开，放入洗好的养心菜浸熟即可。

养心菜的其他做法

生　吃 根据不同口味蘸食麻汁、甜酱或其他调味品。

凉　拌 将养心菜洗净，切成段，放入沸水中，焯 1～2 分钟至颜色全部变成深褐色，放入清凉水中浸泡 5 分钟，沥干，加入适量调料，调匀即可食用，色泽美观，清脆爽滑。

炒　食 油烧热，依次放入花椒、大茴香、姜、葱、肉炒熟后再放养心菜，不断翻动，炒至养心菜变成深绿色，加入盐、酱油、醋。停火后放入蒜片、味精，拌匀即可食用。

养心茶 养心菜的叶片、嫩梢茎搓揉晒干即成茶叶，泡出的茶水其色、香、味俱佳，饮用后可高度抑制失眠、心悸、烦闷，加糖饮用，口味更佳。除降血压外，还可解除酒醉头痛。特别是老年人以养心菜代茶，有益健康，益寿延年。

枸杞珍珠丸

主料 肉馅、马蹄、糯米、鲜枸杞叶。

调料 盐、味精、糖、蚝油、生姜。

功效 滋补肝肾、益精明目、延缓衰老、增强免疫力等。

制作方法

将马蹄去皮洗净，鲜枸杞叶洗净控干水分，糯米用凉水浸泡1小时，把肉馅加入马蹄拍碎，鲜枸杞叶、生姜切末，和调料拌匀，挤成肉丸，糯米控干水，肉丸入糯米挂匀，放入笼屉蒸熟即可。

枸杞的其他做法

鲫鱼陈皮枸杞菜 鲫鱼去鳞，剖腹去内脏，洗净，与陈皮、生姜同入锅内，加入适量水煮开。将鲜枸杞叶洗净，放入锅内，与鲫鱼同煮，水沸后改小火炖至鱼熟汤浓后，加盐调味即成。

生煸枸杞叶 将枸杞叶摘洗干净，香菇泡发，香菇、冬笋洗净，切成细丝，待用，炒锅置武火上烧热，放入猪油，待油温升至七成热时，把笋丝、香菇丝放入锅内，略炒，随即将枸杞叶倒入，煸炒，颠翻几下，加入食盐、味精、白砂糖略翻几下，起锅装盘即成。

枸杞叶粥 鲜枸杞叶洗净后加300毫升水，煮至200毫升时取出枸杞叶。加入糯米，白糖和水煮成稀粥。

香干肉丝炒艾蒿

主料 艾蒿、香干、肉丝、红彩椒、姜葱。

调料 盐、味精、酱油、色拉油。

功效 平喘、镇咳、祛痰、止血、镇静、抗过敏。

制作方法

艾蒿摘洗干净，切段，香干切丝，锅中放色拉油，将肉丝划熟，漏干油，姜葱炝锅，放香干、艾蒿、肉丝、彩椒、调味料炒匀炒熟装盘。

艾蒿的其他做法

土豆艾蒿饼 将土豆削皮后切成细丝，用水淘洗干净，将淘洗用水静置，沉淀淀粉，其上清水倒掉，将土豆淀粉、土豆细丝、嫩茼蒿、精盐拌匀，倒入放了油的煎锅中，将其两面煎成黄色后入盘。

艾蒿丸子汤 把用于做酱汤的牛肉切成片以佐料调味， 加水熬汤并以清酱调味；把嫩艾蒿在开水里焯下，过凉水， 沥干，切碎；做丸子的牛肉要用脂肪含量少的牛肉，把牛肉和艾蒿捣好放在一起加佐料后做成 1.5 厘米大小的丸子；在丸子上蘸一层白面泡在鸡蛋里，再放入开锅的酱汤里煮至浮在上面为止， 熟后盛在钵子中。

黄芪炖柴鸡

主料 柴鸡一只、鲜黄芪去皮、红芹、鲜茶树菇。

调料 老抽、生抽、盐、味精、白糖、白胡椒粉、料酒、大葱、生姜、大料。

功效 补脾益气、利尿消肿，用于脾虚气弱、体倦乏力、饮食减少、易于感冒。

制作方法

先将柴鸡洗净剁成均匀的块，与葱、姜一起下锅焯，放少量色拉油炝锅，下大料、老抽、生抽，把焯水的柴鸡入锅一起炒，烹入料酒，放开水小火炖1小时，放切好片的黄芪，加入调料，茶树菇焯水放锅仔垫底，把炖好的鸡放进锅仔，红芹洗净切小段放鸡上面，上桌点火即可。

黄芪的其他做法

黄芪枸杞粥 黄芪去皮切片；用砂锅把米洗净，水加够，上火煮开，小火煮40分钟，放入黄芪、枸杞子煮5分钟，加盐、胡椒粉、味精调味即可。

芪苓鲤鱼汤 黄芪50克，茯苓30克，鲤鱼1尾；鲤鱼洗净，黄芪、茯苓以纱布包扎，加水同煮，以生姜、盐调味，饮汤吃鱼。

黄芪山地粥 黄芪30克，山药100克，生地黄15克；黄芪、生地黄煎水取汁，山药研为粉末；将前汁煮沸，撒入山药粉，搅匀，煮成粥食。

黄芪参芪大枣粥 黄芪15克，党参10克，大枣30克，粳米100克；黄芪、党参煎水取汁，与后两者一同煮粥食。

桔梗芯

主料 鲜桔梗。

调料 韩国辣酱、味精、糖。

功效 清热解毒、祛痰排脓，有助于增强人体免疫机能。

制作方法

将桔梗去皮，用竹签挑成丝，洗净，加入调料拌匀装盘。

桔梗的其他做法

桔梗香菇汤 将桔梗摘洗干净，用开水焯一下，再用冷水浸洗，捞出控净水分，切成2厘米长的段，将发好的香菇洗净切成片，汤锅置火上，加入烹调油烧热，下入葱花，加入清汤、香菇片，汤开后加入桔梗、精盐、味精，烧3分钟，淋入香油，起锅盛入汤碗中即可。

桔梗炒肉丝 将桔梗摘洗干净，用开水焯一下，再用冷水浸洗，捞出控净水分，切成3厘米长的段，放入碗中，用少许精盐和水淀粉浆匀，炒锅置火上，加入猪油，油热后下入肉丝煸散，烹入酱油、料酒，投入桔梗煸炒，加入精盐、味精，用水淀粉勾芡，炒匀后出锅装盘。

清炒桔梗苗 将嫩桔梗苗摘洗干净，切成段待用，炒锅置火上，加入猪油，油烧热后下入葱花煸香，投入桔梗苗煸炒，加入精盐、味精，炒匀后出锅装盘。

桔梗茶 将桔梗摘净，放入茶杯中，放入蜂蜜，冲入沸水适量，浸泡5～10分钟后饮服。可化痰利咽，适用于慢性咽炎、咽痒不适、干咳等。

藤三七摊鸡蛋

主料 鲜藤三七叶、鸡蛋。

调料 色拉油、鸡精、盐、胡椒粉。

功效 滋补、壮腰膝、消散瘀、活血、健胃保肝等作用。

制作方法

鲜藤三七洗净，切丝入碗，打入鸡蛋，加盐、鸡精拌匀，热锅加油倒入拌匀的鸡蛋，摊成饼形，两面煎成金黄色即可。

藤三七的其他做法

清炒藤三七 藤三七叶片洗净，捞出沥水备用；蒜切成末，炒锅放火上，倒入花生油烧热，放入蒜末稍炒；倒入料酒，放入藤三七、精盐、味精，淋入香油，出锅即可。

枸杞藤三七 藤三七去梗洗净，枸杞略洗，嫩姜切细丝；麻油入锅，中火烧热，爆香嫩姜丝、枸杞，加入藤三七及料酒、盐，盖锅焖30秒，加入味精，拌匀起锅。

藤三七爆腰花 藤三七焯水，捞出后过凉水沥干；姜切片，腰子切花刀；起油锅将油烧热，放入腰花过油10秒后捞出沥干；另起锅加入麻油爆香姜片，加入米酒、盐、糖略炒，加入泡软的枸杞、藤三七叶、腰花，芶芡炒匀即可。

油炸土藿香

主料 鲜土藿香叶。

调料 面粉、盐、椒盐、玫瑰花干粉末、色拉油。

功效 有解表散邪、利湿除风、和中健胃等功效。

制作方法

鲜土藿香叶摘洗干净，面粉加水调成糊，和土藿香叶拌匀，入四成热油锅炸熟出锅，装盘，椒盐拌入玫瑰花粉一起食用。

土藿香的其他做法

土藿香煮粥 待粥将熟时，调入鲜土藿香（茎叶或花穗均可），稍煮沸后服用发散表邪，解表祛暑，化湿醒脾，和中止呕。适用于暑湿感冒，头重体倦，发热胸闷，食欲不振。

土藿香拌蚕豆 新鲜蚕豆洗净煮熟冷却，土藿香在开水中过一遍，切碎，加盐，糖，味精，辣椒油，少许酱油，少许醋，还可以加一点香菜末，拌匀即可。

土藿香鲫鱼 取鲫鱼两条，剖好洗净，在油锅中两面煎黄，起锅待用，再将泡辣椒，泡姜，大蒜切碎，在油锅中稍煸，加入辣椒酱再煸，然后加一杯水，烧开后放入煎好的鲫鱼，加料酒，糖，鸡精，中火煮 10 分钟左右，5 分钟的时候将鱼翻一面。将煮好的鱼捞出锅，放盘中，在锅中剩下的汁水中放入切碎的小香葱、香菜和土藿香，开锅后勾薄芡，加醋，然后将汁水淋在鱼上。

薄荷土藿香茶 将薄荷、土藿香、甘草洗一洗，去杂，捞出，沥干水。煮锅刷洗净后，放入适量清水，用武火煮沸后，将薄荷、土藿香、甘草放锅中，煮 20 分钟，滤出汁液，代茶饮用。

紫苏汤

主料 紫苏叶。

调料 冰　糖。

功效 适用于感冒风寒、恶寒发热、咳嗽、气喘、胸腹胀满等病症；健康人食用能强身健体、泽肤、润肤、明目。

制作方法

鲜紫苏叶摘洗干净，入开水锅煮10分钟，加入冰糖，化开后出锅即可。

紫苏的其他做法

凉拌紫苏叶　将紫苏叶洗净，入沸水锅内炉透，捞出洗净，沥干水分，切段放盘内，加入精盐、味精、酱油、麻油，拌匀即成。

紫苏粥　以粳米煮稀粥，粥成后加入紫苏叶稍煮，加入红糖搅匀即成。

紫苏饮　将紫苏叶洗净沥水，放入杯内用开水冲泡，放入白糖成清凉饮料。

苏子粥　将紫苏子研细加水取汁；粳米淘洗干净，铝锅内加水适量，放入粳米煮成粥；加入苏子汁煮沸一会，加入红糖搅匀即成。

炒紫苏　紫苏叶切碎，蒜切末，青椒、红椒切碎丁；坐锅热油，放紫苏叶爆香盛起；锅中留底油，下蒜末、青红椒炒出辣香，倒入紫苏叶炒匀，放盐、味精调味装盘。

Part Ⅵ

蔬菜保健配出来

Health & Fitness from Collocation of Healthy Vegetable

1 四性五味的配伍

通过 Part Ⅰ中保健蔬菜的介绍，我们认识到了蔬菜也有四性和五味，只有根据蔬菜的四性和五味对其进行合理“配伍”，才能调配出健康的膳食。

四性即寒、热、温、凉。一般而言，寒凉性的蔬菜，例如芹菜、白菜、空心菜、冬瓜、白萝卜、莴笋、穿心莲、薄荷等，擅清热降火、解暑除燥，能消除或减轻热症，适宜湿热质、阴虚质、痰湿质人群食用，而气虚质、阳虚质人群应少食。相反，温热性的蔬菜，例如生姜、韭菜、蒜、香菜、葱、辣椒等，擅温中散寒、开胃健脾、强壮补虚，适宜气虚质、阳虚质、气郁质、血瘀质人群食用，而湿热质、阴虚质、痰湿质人群应少食。性平的蔬菜，例如黄花菜、银耳、胡萝卜等，适宜各种体质的人群食用。平和质的人群各性蔬菜均可食用。不同性质的蔬菜通过合理的配伍，例如寒凉性的蔬菜，加入辣椒、大蒜等温热性的蔬菜一起炒制，可缓解其寒凉性，从而适宜更多体质的人群食用；反之亦然。

五味即酸、苦、甘、辛、咸。根据中医理论，五味对应着不同的脏器，有着不同的作用。酸入肝，可生津养阴，生涩收敛，但多食易伤筋骨；苦入心，可降火除烦，清热解毒，但胃病者宜少食；甘入脾，可健脾生肌，补虚强壮，但糖尿病患者应少食或不食；辛入肺，可补气活血，促进新陈代谢，但多食易伤津液，引发火气；咸入肾，可通便补肾，但多食会造成血压升高。蔬菜的五味各有好处，但食用过多或不当也有负面影响，要依据不同体质来食用。

根据蔬菜的四性和五味，进行合理的搭配，是健康饮食的入门功课。

2 五颜六色的健康

常见的蔬菜呈五颜六色。绿色蔬菜，例如芦笋、苦瓜、黄瓜、芥蓝、莴笋、青椒、芹菜、荷兰豆等；红色蔬菜，例如胡萝卜、番茄、红椒、红豆等；黄色蔬菜，例如玉米、南瓜、黄豆芽、红薯以及各种植物种子等；白色蔬菜，例如莲藕、莲子、白薯、山药、土豆、白萝卜、银耳等；黑色蔬菜，例如紫菜、海带、黑豆、香菇、黑芝麻、黑木耳等。

你知道吗？其实，这五颜六色中也暗藏了大量的保健奥秘。

一方面，根据中医五行理论，人体以五脏为中心，五色与五脏相配，即绿、红、黄、白、黑五种大家熟知的蔬菜颜色，各入不同的脏腑，各有不同的作用。绿色主肝，可提高肝脏之气，排毒解毒；红色主心，可提高心脏之气，补血、生血、活血；黄色主脾，可提高脾脏之气，增强胃肠功能、促进新陈代谢；白色主肺，可提高肺脏之气，清热解毒、润肺化痰；黑色主肾，可提高肾脏之气，能润肤、美容、乌发。各个脏腑之间相互关联，相生相克，因此，我们在日常饮食中不能偏食某一色蔬菜，要均衡摄取，午餐多吃绿色和白色蔬菜，提高肝、肺功能，使其生发条达，保证一天精力旺盛；晚餐多吃红色、黄色和黑色蔬菜，涵养心、脾、肾。

另一方面，蔬菜的颜色在一定程度上也代表其主要营养成分。绿色蔬菜，富含维生素C、维生素B_1、维生素B_2、酒石酸及多种微量元素，适宜高血压、高血糖、失眠及肝脏疾病患者食用；红色蔬菜，富含胡萝卜素和其他红色素，能提高人们的食欲和刺激神经系统的兴奋，增强人体免疫力；黄色蔬菜，富含维生素E，能减少皮肤色斑，延缓衰老，对脾、胰等脏器有益，能调节胃肠消化功能，并有较强的防癌抗癌作用；白色蔬菜，对调节

视觉和安定情绪有一定的作用，对高血压和心脏病患者有益处；黑色蔬菜，能刺激人的内分泌和造血系统，促进唾液的分泌，还有抗肿瘤作用。根据以上各种蔬菜所含营养成分的特点，吃菜时应进行合理搭配，才能互相补充，获得较全面的营养。

3 营养成分的均衡

蔬菜中含有丰富的维生素、矿物质、果胶和纤维素类物质，你知道它们都有什么作用吗？

维生素 A 维持正常视力，预防夜盲症；维持上皮组织细胞健康；促进生长发育；增加身体免疫力；预防和治疗干眼症。

维生素 B_1 又称硫胺素，保持循环、消化、神经和肌肉正常功能；促进胃肠道的功能；构成脱羧酶的辅酶，参加体内能量代谢，特别是糖的代谢；预防脚气病。

维生素 B_2 又称核黄素，是体内许多重要辅酶的组成部分，这些酶能在体内物质代谢过程中传递氢，还是蛋白质、糖、脂肪代谢和能量利用所必需的物质；能促进生长发育；保护眼睛、皮肤的健康。

维生素 B_3 又称烟酸，在细胞生理氧化过程中起传递氢作用；具有防治癞皮病的功效；还可用作血管扩张药。

维生素 B_5 又称泛酸，抗应激、抗寒冷、抗感染；缓和某些抗生素的毒性；有助于消除术后腹胀。

维生素 B_6 在人体蛋白质代谢中起重要作用，也是脂肪和糖代谢的必需物质；有助于治疗神经衰弱、眩晕、动脉粥样硬化等。

维生素 B_{12} 可促进蛋白质合成；促进红细胞发育成熟，治疗恶性贫血；维护神经系统功能健全。

维生素 B_{13} 又称乳酸清，可防肝病及未老先衰，有助于对多种硬化症的治疗。

维生素 B_{15} 又称潘氨酸，主要用于抗脂肪肝；也可用来治疗冠心病和慢性酒精中毒。

对氨基苯甲酸 机体细胞生长和分裂所必需的物质叶酸的组成部分之一。

肌醇 维生素 B 族中的一种，有代谢脂肪和胆固醇的作用。

维生素C 促进胶原蛋白的合成；对毛细血管壁的各个细胞间有黏合功能，治疗坏血病；增强抵抗力；促进红细胞成熟，治疗贫血。

维生素D 调节人体内钙和磷的代谢，促进其吸收利用；促进骨骼成长，预防儿童佝偻病和成年人骨质疏松症。

维生素E 维持正常的生殖能力和肌肉代谢；有抗氧化、防止血小板凝集的作用。

维生素K 止血，不仅是凝血酶原的主要成分，还能促使肝脏制造凝血酶原。

维生素M 又称叶酸，维生素B复合体之一，抗贫血；维护细胞的正常生长和免疫系统的功能。

维生素T 帮助血液的凝固和血小板的形成。

维生素U 又称氯化甲硫氨基酸，在治疗溃疡上有重要的作用。严格来说，维生素U并不是维生素。

钙 保持骨骼和牙齿的健康、神经的传输、肌肉的收缩、血液的凝固、激素的平衡；保护心脏和皮肤；减轻肌肉劳累和疼痛；保持体液酸碱平衡；减少肌肉痉挛。

锌 帮助人体对应激活动的控制，保证大脑和神经系统的健康，尤其是胎儿大脑和神经系统的健康，对牙齿和骨骼的形成以及能量的恒定都是不可或缺的。

铁 血红蛋白的组成元素之一，给身体的每一部分传送氧。

铬 帮助平衡血糖浓度；保护心脏功能。

碘 在腺体的生长和人体的生长中必不可少。

镁 在酶的新陈代谢和骨骼的形成中发挥着重要的作用。

磷 维持牙齿和骨骼的必要物质，遗传物质核酸的基本成分之一，参与体内酸碱平衡的调节，在机体能量产生和新陈代谢中发挥作用。

钾 使营养物质进入细胞，并使体内废物排出体外；对神经和肌肉的健康必不可缺；有利于控制血糖的胰岛素的分泌，并提供恒定的能量；有利于内部循环转化。

硒 组成体内抗氧化酶，保护细胞膜免受氧化损伤；硒-P蛋白可整合重金属等毒物，降低毒性；防治糖尿病、肝病、心脑血管疾病等多种病症。

钠 维持体液平衡；参与神经和肌肉正常良好的活动；帮助细胞吸收营养物质。

纤维素和果胶 可有效地防止便秘，促进排泄，能预防大肠癌、糖尿病等，还能促进新陈代谢，有排毒的作用。

上面这些维生素、矿物质和纤维素，你可能相对还比较熟悉，蔬菜中还有很多含量很低但却有一定特殊作用的活性物质，你也需要熟悉它们。

大蒜素 有增加胃肠蠕动、刺激食欲、促进消化、抗搔痒、防治神经痛、抗辐射、抗氧化、保护生物膜、抗衰老、防治蚊虫叮咬、抗感冒等保健作用。主要存在于葱科蔬菜中，如大蒜、洋葱等。

鞣花酸 超强抗氧化剂，可以清除体内致癌毒素，提高免疫力。主要存在于十字花科植物中，例如花椰菜、甘蓝、萝卜等。

咖啡酸 具有抑菌、抗病毒、中枢兴奋、解毒、凝血及广泛的抗癌功效。属于酚类物质的一种，存在于多种蔬菜中。

番茄红素 不仅具有抗癌抑癌的功效，而且可预防心血管疾病、动脉硬化等多种疾病，还有助于增强人体免疫力以及延缓衰老。主要存在于番茄、南瓜、萝卜、胡萝卜、甘蓝等蔬菜中。

儿茶素 清除自由基，保护细胞膜，减缓衰老；降低血压、血糖，调节血脂；抗辐射；减肥。

辣椒素 可消炎、止痛、治疗肌肉酸痛，降血压、调血脂，保护心脏和血管的作用。主要存在于辣椒中。

绿原酸 清除自由基及抗脂质过氧化；抗诱变；保肝利胆；抗菌、抗病毒及解痉等。绿茶中含量较高，马铃薯、大豆等蔬菜中也含有。

干扰素诱生剂 能够诱导、刺激细胞本身产生干扰素，促进机体增强对病毒感染的抵抗能力和抑制癌细胞增殖的作用。主要存在于葫芦科蔬菜中，如丝瓜、蛇瓜、瓠瓜等，及十字花科萝卜属蔬菜中，如红萝卜、白萝卜、青萝卜等。

硫化物 包括吲哚类化合物和芳香硫氰酸等化合物，具有显著的防癌抗癌功效。

主要存在于百合科葱属蔬菜中，如葱、洋葱、大蒜等，以及十字花科蔬菜中，例如白萝卜、圆白菜和芜菁等。

不同种类的蔬菜含有的营养物质的种类和含量差异性较大。合理的膳食就是要合理搭配每种蔬菜的营养成分及特殊活性成分，既能做到营养均衡，又能充分发挥活性成分的作用，预防和治疗多种疾病。

4 不同科属的搭配

你知道吗？虽然萝卜和白菜吃起来口感差了很多，但是都属于十字花科，因此，其营养成分和活性成分较为相近。研究发现，如果是来源于同一个科属的蔬菜，其所含的营养成分有一定相关性。例如，十字花科蔬菜多具辛辣味，含多酚类、硫化物、吲哚类、不饱和脂肪酸、生物碱、黄酮醇、芥子苷、芸香苷、肌醇、强心苷、皂苷、苦味质、靛红等成分，不仅对某些致癌物质有抑制作用，而且能够帮助机体解毒。再如，伞形科蔬菜多含有香豆素类、精油、聚乙炔类、黄酮类、苯丙烷类及苯乙烯类、酚及酚类、三萜皂苷、生物碱等类活性成分，具有多种生理活性。因此，为了均衡饮食营养，讲究蔬菜科属的搭配也是非常必要的，而且合理搭配还可以起到协同作用的效果。

我国食用蔬菜种类繁多，统计有 56 个科 229 个种，大多集中于十字花科、百合科、葫芦科、豆科、菊科、茄科和伞形科。蔬菜常见科属及其代表蔬菜详见表 6−1。

表 6–1 蔬菜常见科属及其代表蔬菜

科 属	代表蔬菜
十字花科	白菜、白萝卜、紫甘蓝、花椰菜、西蓝花、荠菜、芥蓝、菜薹
百合科	葱、蒜、百合、韭菜、黄花菜、芦笋
葫芦科	黄瓜、南瓜、冬瓜、苦瓜、丝瓜、西葫芦
豆科	豇豆、四季豆、黄豆芽、绿豆芽、草决明、黄芪
菊科	莴苣、马兰、牛蒡、蒲公英、艾蒿、生菜、茼蒿
茄科	番茄、马铃薯、茄子、辣椒、枸杞
伞形科	芹菜、胡萝卜、茴香、香菜
唇形科	藿香、薄荷、紫苏
禾本科	竹笋、茭白
薯蓣科	山药、魔芋
睡莲科	莲藕
锦葵科	黄秋葵
藜科	菠菜
苋科	苋菜
姜科	姜
番杏科	穿心莲
车前科	长叶车前
三白草科	鱼腥草
桔梗科	沙参、桔梗
景天科	养心菜
马齿苋科	马齿苋
楝科	香椿
蓼科	大黄
落葵科	藤三七
旋花科	红薯

5 蔬菜搭配的禁忌

合理的膳食构成，科学而营养的搭配，是维持人体健康的重要基础。蔬菜是我们摄取各类维生素、矿物质、纤维素及其他营养成分的重要途径，正确地进行搭配，减少营养成分的流失，避免不合理的饮食禁忌就显得尤为重要。

蔬菜与疾病的禁忌

在疾病发生时，必须避免食用不该食用的蔬菜，否则会加重你的病情。

- 肠胃炎：不宜吃生姜、辣椒等辛辣刺激性的蔬菜。
- 痛风：不宜吃竹笋、香菇、黄花菜、玉米等嘌呤含量高的蔬菜。
- 糖尿病：不宜吃玉米、红薯、莲藕、豆类等碳水化合物含量高的蔬菜。
- 胃肠溃疡：不宜吃芹菜、竹笋、空心菜、洋葱等蔬菜。
- 肾功能不全、尿毒症：不宜吃苋菜、油菜、南瓜等钾含量较高的蔬菜。
- 系统性红斑狼疮：不宜吃苜蓿。

蔬菜与食物的禁忌

在日常饮食中，某些蔬菜不能与某些食物同时食用，否则会产生适得其反的效果。

- 白萝卜不宜与胡萝卜同食：容易造成营养成分流失。
- 白萝卜不宜与柿子、橘子同食：容易诱发甲状腺肿。
- 红薯不宜与柿子、香蕉同食：容易形成胃柿石，引起胃胀、腹痛、呕吐、胃出血等疾病。
- 韭菜不宜与菠菜同食：容易引起腹泻。
- 韭菜不宜与蜂蜜同食：容易引起心痛。
- 韭菜不宜与牛肉同食：容易令人上火。
- 南瓜不宜与富含维生素 C 的蔬菜、水果同食：容易造成维生素 C 的大量流失。
- 南瓜不宜与羊肉同食：容易诱发黄疸和脚气病。
- 芥菜不宜与鲫鱼同食：容易导致水肿。
- 芹菜不宜与醋同食：容易损伤牙齿。
- 茄子不宜与黑鱼、螃蟹同食：容易损伤肠胃。
- 菠菜不宜与豆腐同食：容易影响钙的吸收。
- 竹笋、茭白不宜与豆腐同食：容易造成结石。

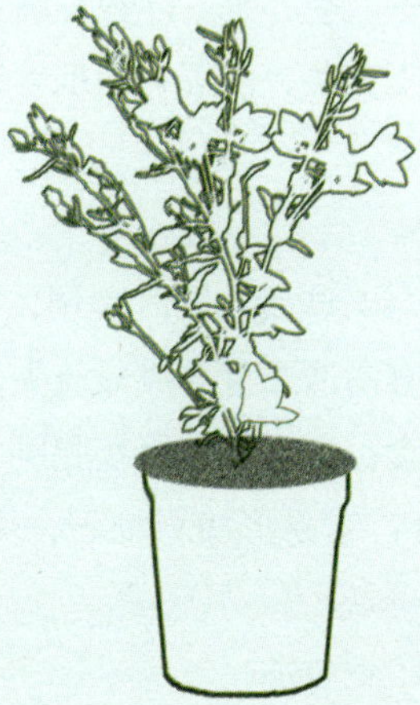